五穀雜糧養生粥

本書內容是主編與編輯團隊多年來行醫與研究的精華彙集，融合了現代的科學知識與中華傳統的醫學智慧，其內容普遍適用於一般社會大眾；但由於個人體質多少有些互異，若在參閱、採用本書的建議後仍未能獲得改善或仍有所疑慮，建議您還是向專科醫師諮詢，才能為您的健康做好最佳的把關。

粥乃人间第一补
序

"每天喝上粥，养生防病"，这是我早就说过的话。

一碗再普通不过的粥，都有着神奇的养生延年作用，难怪中国人都爱喝粥。

粥，自古就有救生的涵意，佛家的施粥，救荒的赈粥，病人喝的粥……都可见粥在人们心目中的地位。

粥，有米粥、菜粥、肉粥、果粥、药膳粥……，乃人之补体至物，而其五谷粥更是天下第一补物。

五谷杂粮粥是粥的室中之圣，《黄帝内经》早就发现"五谷为养，五果为助，五畜为益，五菜为充。"五谷包括"稻、粟、稷、麦、菽"即米、小米、豆、麦、高粱。五谷熬粥，淡甘养人，合口适味，对人体有极好的滋补作用，常喝粥不仅可以养五脏，防生病，还可延年益寿。古代仙家、近代许多百岁老人，都以粥为主养，所以粥又称仙粥、百岁粥。

本书通过各种四季粥、养生粥、长寿粥、防病粥、米药食膳粥，对养生长寿和防病治病的作用和应用，作了精辟的展示，相信将给大众健康带来福音。

最后，谨祝天下苍生白处健康长寿happy!

朴×方 2013.1.31 于北京.

粥乃人間第一補物

「每天喝點粥，養生防病入」，這是我早就說過的話。

一碗再普通不過的粥，卻有著神奇的養生延年作用，難怪大家都愛喝粥。

粥，自古就有救生的深意，佛家的施粥、救災的賑粥、病人喝的粥……都可見粥在人們心目中的地位。

粥，有米粥、菜粥、肉粥、果粥、藥膳粥……乃人之補體聖物，尤其五穀粥更是天下第一補物。

五穀雜糧粥是粥的寶中之寶，《黃帝內經》早就強調「五穀為養，五果為助，五菜為充，五畜為益。」五穀包括「稻、黍、稷、麥、菽」，即米、小米、豆、麥、高粱。五穀熬粥，淡甘養人，含四氣五味，對人體有極好的滋補作用，常喝粥不僅可以養五臟、防生病，還可延年益壽，古代仙家、近代許多百歲老人都以粥為主養，所以粥又稱仙粥、百歲粥。

本書通過各種四季粥、養生粥、長壽粥、防病粥和藥膳粥，對養生長壽和防病治病的作用和應用，做了精彩的展示，相信將給大眾健康帶來福音。

最後，謹祝天下蒼生百姓健康長壽100歲！

楊力

目錄

註 本書介紹粥的配方中，食材用量均以2～3人份為標準，實際製作時請根據人數多少適當調整用量。

粥乃人間第一補物 …… 5

五穀雜糧最養人 …… 14

什麼是五穀雜糧 …… 14
五穀雜糧所含的主要營養素 …… 15
五穀雜糧的養生功效 …… 17
粥是粗糧細做的好方式 …… 18
完美煮粥的小竅門 …… 19
怎麼喝粥最健康 …… 21
根據體質喝對粥 …… 23

第一章 細數五穀雜糧

穀類

白米 促進消化、補脾清肺、調養氣血 …… 30
小米 滋陰補血、和胃安眠、健脾養胃、補充體力 …… 31
糯米 健脾開胃、消炎消腫、滋補禦寒、緩解氣虛 …… 32
糙米 補氣養陰、清熱涼血、保護血管、防癌排毒 …… 33
薏仁 降血脂、消腫祛濕、降糖防癌、去斑美膚 …… 34
燕麥 潤腸通便、減肥降脂、排毒美容、降低血糖 …… 35
玉米 降膽固醇、健腦抗衰、護眼明目、防癌抗癌 …… 36
高粱米 和胃消積、補充鈣質、緩解脾虛 …… 37
蕎麥米 抗菌消炎、降膽固醇、降糖降脂、抑制癌症 …… 38
紫米 滋陰補虛、保護血管、防止早衰、健脾和胃 …… 39
黑米 補血明目、防癌抗癌、延緩衰老、烏黑秀髮、開胃益中 …… 40
大麥 消渴除熱、健脾消食、益氣寬中、防治慢性腸胃炎 …… 41

豆類

黃豆 降糖降脂、健腦補鈣、保護血管、防老抗癌 …… 42
綠豆 清熱解毒、消腫利便、降脂降壓、解暑去燥、抗菌抑菌、抗癌 …… 43
紅豆 利尿消腫、潤腸通便、催乳補血、解毒排膿 …… 44
黑豆 補腎養腎、健腦益智、美容護髮、抗老防衰 …… 45
豌豆 防癌抗癌、通利大便、健腦益智、潤澤肌膚 …… 46
白扁豆 抗菌解毒、防癌抗癌、補脾和中、提高造血功能 …… 47

雜糧類

紅薯　通便排毒、防癌抗癌、減肥瘦身、益壽養顏　48

杏仁　鎮咳平喘、預防心臟病、美容養顏　49

腰果　潤膚美容、軟化血管、補充能量、潤腸通便　50

蓮子　暢通氣血、強心降壓、滋養補虛、止遺澀精　51

核桃　健腦益智、緩解疲勞、潤膚烏髮、防治動脈硬化　52

黑芝麻　延緩衰老、養血駐顏、潤腸通便、降膽固醇、烏髮養髮、補肝腎　53

第二章　變著花樣來煮粥

家常經典粥

紅豆粥　潤腸通便、減肥降脂　56

臘八粥　暖胃禦寒、保護心腦血管　57

紫米粥　滋陰補虛、防治動脈硬化　58

玉米渣綠豆白米粥　清暑解毒　59

小米粥　和胃健脾、清肺止渴　60

白米粥　健脾　60

菜粥

菠菜粥　保護眼睛皮膚健康　62

油菜白米粥　活血化瘀、養顏美容　62

田園蔬菜粥　抗輻射　63

肉粥

皮蛋瘦肉粥　生津潤燥、溫和滋補　65

滑蛋牛肉粥　補脾胃、強筋骨　66

香菇滑雞粥　健脾開胃、補脾益氣　66

海鮮粥

海紅蟹粥　滋補、清熱　68

生滾魚片粥　開胃、保護心血管　68

蝦仁西芹粥　補鈣、益智、降壓　69

水果粥

薏仁雪梨粥　美白肌膚、滋陰潤燥　71

第三章　四季養生調養粥

春季　溫補養生

豬肝紅蘿蔔粥　補中益氣、養肝明目 …… 75
香菇玉米粥　提高免疫力 …… 76
薑汁鮮藕粥　對抗春季感冒 …… 76
番茄雞塊粥　開胃消食 …… 77
雞肝粥　養肝補血 …… 78
甜奶黑芝麻粥　防止皮膚乾燥 …… 78
春筍粥　明目 …… 79

夏季　清熱防暑

西瓜皮粥　除煩解暑 …… 79
薄荷粥　宜神安心 …… 81
烏梅粥　抗菌解渴 …… 81
蓮藕白米粥　清熱養胃 …… 82
百合花生粥　寧心助眠 …… 83
綠豆蓮子粥　清熱去暑 …… 83
絲瓜蝦皮粥　補充體力 …… 84

秋季　生津防燥

百合蓮子紅豆粥　滋陰潤肺 …… 84
二米銀耳粥　補肝益氣 …… 86
百合南瓜粥　滋陰止咳 …… 86
白蘿蔔山藥粥　補肺化痰 …… 87
南瓜牛奶白米粥　增強體質 …… 87
山藥糯米粥　益脾健胃 …… 88
烏骨雞糯米粥　滋陰補身 …… 88

冬季　溫補去寒

羊骨滋補粥　暖胃防寒 …… 89
芋頭豬骨粥　補腎理氣 …… 91
白果羊腎粥　健腦補腎 …… 91
紫米雜糧粥　滋補壯陽 …… 92
黑米紅棗粥　滋陰補血、暖胃 …… 92
…… 93

第四章　保健養生美味粥

養心

蓮子紅豆花生粥　寧心安神……97

糯米小麥粥　安神養心……98

山楂紅棗蓮子粥　安神養心……98

潤肺

川貝水梨粥　養肺潤肺、清熱解毒……100

蓮子百合粥　滋陰潤肺……101

鮮藕百合枸杞粥　潤肺、止咳……101

健脾胃

大麥牛肉粥　防治脾胃虛弱、消化不良……103

扁豆白米粥　調補脾胃、清熱解毒……104

高粱羊肉粥　健脾養胃……104

補腎

黑豆紫米粥　健腎、補虛……106

豬腰白米粥　健腎補腰……106

韭菜蝦仁粥　補腎壯陽……107

護肝

牛奶麥片粥　養心安神……109

黃豆粥　阻止肝細胞脂肪變性……110

雜米香菇粥　抗病毒、保護肝臟……110

祛濕

人參茯苓二米粥　利水滲濕……112

冬瓜薏仁粥　利水消腫、健脾去濕……113

紅豆薏仁粥　利水祛濕、健脾消腫……113

清熱去火

火腿白菜粥　清熱、去火、排毒……115

大麥糯米粥　利濕、瀉火……116

薏仁山藥粥　清除體內濕熱……116

益氣養血

桂圓紅棗粥　改善血液循環、預防貧血……118

榨菜肉絲粥　補血補虛……118

阿膠粥　養血補血……119

潤腸排毒

燕麥粥　通便排毒、防治便祕……121

菊花綠豆粥　滑潤腸道、促進毒素排出……121

海帶冬瓜粥　排出有害物質和致癌物……122

山藥糙米粥　潤腸、排毒、防便祕……122

木耳粥　消除體內細菌毒素和重金屬物質……123

燕麥南瓜白米粥　清胃滌腸……123

美容抗衰

小米紅棗粥　補氣養血、美容抗衰……125
芝麻桃仁粥　抗氧化、美容美顏……125
薏仁牛奶粥　美白肌膚、消除細紋……126
花生豬蹄粥　使皮膚細膩、抗衰老……126
玉米粥　恢復青春、延緩衰老……127
櫻桃銀耳粥　潤膚、去斑……127

消脂減肥

蘋果麥片粥　潤腸排毒、減肥去脂……129
鮮蝦冬瓜粥　防止體內脂肪堆積……129
薏仁燕麥紅豆粥　利水減肥……130
黃瓜糙米粥　抑制糖類物質轉化為脂肪……130
紅豆綠豆瘦身粥　減少多餘脂肪……131
紅薯玉米粥　潤膚、去斑……131

抗輻射

紅棗綠豆白米粥　緩解輻射不適……133
銀耳菊花粥　滋陰潤肺……134
海帶豆香粥　提高抗輻射能力……134

提高免疫力

五色豆粥　提高身體抵抗疾病的能力……136
牛肉粥　強身健體、提高身體抵抗力……136
香菇瘦肉粥　提高抗癌、抗病毒能力……137
香菇脆筍粥　抗輻射、提高免疫力……138
生菜蝦仁粥　促進免疫系統功能……138

第五章　呵護全家的滋養粥

孕媽咪

小米山藥粥　預防孕期便祕……141
綠花椰菜粥　增強免疫力，促進肝臟解毒……141
桂花栗子粥　促進胎兒大腦發育……142
白米海參粥　促進胎兒大腦和甲狀腺發育……142
雞肉山藥粥　預防孕媽咪營養不良……143
紫菜粥　促進胎兒的神經系統發育……143

新手媽咪

木瓜排骨粥　促進乳汁分泌……145
小米紅豆粥　催乳、補虛……146
小米紅糖粥　補虛養胃、調養身體……146

兒童

南瓜紫米粥　促進生長發育……148
黑芝麻白米粥　健腦益智……149
玉米渣粥　增強腦力和記憶力……149

青少年

芝麻粥　提高學習能力……151

豬肝綠豆粥　保護視力……152

什錦雞翅粥　補充體力和腦力……152

中年男女

鴿蛋銀耳粥　滋陰潤膚、延緩衰老……154

雙蓮粥　緩解更年期不適……154

豬腰小米粥　養精固腎、開胃安眠……155

老年人

玉米綠豆粥　抗癌、抗老化……157

茄子粥　防治心血管疾病的發生……157

燕麥肉末粥　防治糖尿病和便祕……158

南瓜粥　健胃養胃、提高人體抵抗力……158

核桃紫米粥　滋養腦細胞，防止健忘……159

第六章　對症食療營養粥

高血壓

芹菜粥　排除體內多餘鈉鹽，輔助降壓……163

豆漿白米粥　預防高血壓……163

紅蘿蔔小魚粥　有效降壓……164

荸薺綠豆粥　防治血壓升高……164

草菇魚片粥　降膽固醇……165

燕麥牛丸粥　預防高血壓……166

糖尿病

燕麥南瓜粥　降膽固醇……166

苦瓜粥　降膽固醇……168

烏骨雞白米蔥白粥　保護胰島細胞……169

血脂異常

小米黃豆粥　預防心血管疾病……169

海帶綠豆粥　降血脂……171

山楂麥芽粥　防治高血脂……172

紅棗菊花粥　預防高脂血症……172

薺菜粥　調節血脂代謝……173

蕎麥粥　控制血脂平衡……174

感冒

蔥白白米粥　防治風寒感冒……176
生薑羊肉粥　用於風寒發熱……176
牛蒡粥　治療風熱感冒……177
生薑粥　解表散熱……177
扁豆薏仁粥　增強免疫力……178
百合荸薺粥　緩解感冒咳嗽……178

便祕

紫菜麥片粥　治療便祕……180
燕麥高麗菜粥　預防便祕……180
什錦糙米粥　通便排毒防治便祕……181
紅薯粥　潤腸通便……181
芹菜香菇粥　幫助消化……182
芋頭香粥　潤燥通便……182

腹瀉

荔枝紅豆粥　適合脾虛型腹瀉……184
莧菜玉米粥　促進糞便成形……185
番茄排骨粥　補充維他命……185

消化性潰瘍

茶葉白米粥　補脾養胃、消食通便……187
山藥糯米枸杞粥　保護胃腸黏膜……188
花生仁小米粥　健脾和胃……188

慢性胃炎

紅蓮子大麥粥　保護胃黏膜……190
蜂蜜馬鈴薯粥　保護胃健康……191
牛奶小米粥　和胃養胃……191

痛經

玫瑰香粥　緩解痛經……193
益母草白米粥　活血化瘀……194
黑豆蛋酒粥　活血化瘀……194

失眠

糯米小麥粥　安神去燥……196
黃鱔小米粥　養血安神……196
小米綠豆粥　除煩助眠……197

口腔潰瘍

薺菜小米粥　加快傷口癒合……199
蒲公英綠豆粥　防治口腔潰瘍……200
綠豆菜心粥　去火……200

脂肪肝

菠菜枸杞粥　養肝明目……202
金槍魚粥　降低肝臟發病率……203
皮蛋蝦仁粥　修復肝細胞……203

缺鐵性貧血

豬肝菠菜粥　預防缺鐵性貧血⋯⋯⋯⋯⋯⋯ 205
牛肉小米粥　益氣補血⋯⋯⋯⋯⋯⋯⋯⋯ 206
豬血白米粥　改善膚色⋯⋯⋯⋯⋯⋯⋯⋯ 206
紅豆花生紅棗粥　滋陰補血⋯⋯⋯⋯⋯⋯ 207
紅棗桂圓粥　改善貧血症狀⋯⋯⋯⋯⋯⋯ 207

第七章 簡單好吃的佐粥小菜

簡易拌菜和泡菜

涼拌紅蘿蔔乾⋯⋯⋯⋯⋯⋯⋯⋯⋯⋯⋯ 210
腐竹拌蹄筋⋯⋯⋯⋯⋯⋯⋯⋯⋯⋯⋯⋯ 211
皮蛋豆腐⋯⋯⋯⋯⋯⋯⋯⋯⋯⋯⋯⋯⋯ 211
香菜拌蜇皮⋯⋯⋯⋯⋯⋯⋯⋯⋯⋯⋯⋯ 212
韓國泡菜⋯⋯⋯⋯⋯⋯⋯⋯⋯⋯⋯⋯⋯ 212

美味蒸菜和炒菜

蒜蓉綠花椰菜⋯⋯⋯⋯⋯⋯⋯⋯⋯⋯⋯ 213
蛤蜊蒸蛋⋯⋯⋯⋯⋯⋯⋯⋯⋯⋯⋯⋯⋯ 214
鹹梅蒸魚⋯⋯⋯⋯⋯⋯⋯⋯⋯⋯⋯⋯⋯ 214
糖醋藕片⋯⋯⋯⋯⋯⋯⋯⋯⋯⋯⋯⋯⋯ 215
番茄炒草菇⋯⋯⋯⋯⋯⋯⋯⋯⋯⋯⋯⋯ 215
五香豆腐乾⋯⋯⋯⋯⋯⋯⋯⋯⋯⋯⋯⋯ 216

醇味醬滷

麻辣滷蛋⋯⋯⋯⋯⋯⋯⋯⋯⋯⋯⋯⋯⋯ 216
醬牛肉⋯⋯⋯⋯⋯⋯⋯⋯⋯⋯⋯⋯⋯⋯ 217
滷水雞肫⋯⋯⋯⋯⋯⋯⋯⋯⋯⋯⋯⋯⋯ 217

精緻小點

南瓜雙色花捲⋯⋯⋯⋯⋯⋯⋯⋯⋯⋯⋯ 218
煎紅薯餅⋯⋯⋯⋯⋯⋯⋯⋯⋯⋯⋯⋯⋯ 219
銅鑼燒⋯⋯⋯⋯⋯⋯⋯⋯⋯⋯⋯⋯⋯⋯ 219
椰香糯米糰⋯⋯⋯⋯⋯⋯⋯⋯⋯⋯⋯⋯ 220
雞蛋南瓜軟煎餅⋯⋯⋯⋯⋯⋯⋯⋯⋯⋯ 221
芝麻牛肉餡餅⋯⋯⋯⋯⋯⋯⋯⋯⋯⋯⋯ 221

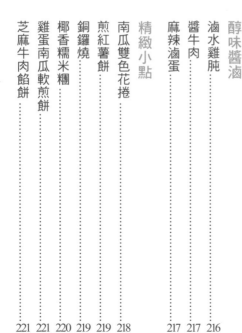

五穀雜糧最養人

什麼是五穀雜糧

「五穀」的概念，歷史上有很多種說法，比如《周禮》上的五穀，是指黍、稷、菽、麥、稻。黍指玉米，也包括黃米，稷指粟，菽指豆類。《孟子・滕文公》中稱五穀為「稻、黍、稷、麥、菽」。《黃帝內經》中的五穀指的是「白米、小豆、麥、黃豆、黃黍」。

現在所說的「五穀」已不再單指幾種食物，所含範圍十分廣泛，泛指各種主食食糧，統稱「五穀雜糧」，包括穀類、豆類、堅果乾果類、薯類等雜糧。

分類	所包含的食物
穀類	小麥、大麥、白米、糯米、燕麥、高粱、蕎麥、小米、薏仁等
豆類	黃豆、紅豆、黑豆、豌豆、扁豆、綠豆、蠶豆、刀豆、花豆等
堅果、乾果類	杏仁、腰果、榛子、核桃、松子、栗子、開心果、花生、葵花子、南瓜子、紅棗等
薯類	紅薯、馬鈴薯、芋頭、山藥等

五穀雜糧所含的主要營養素

碳水化合物（糖類）

來源▶

白米、小米、玉米、綠豆、紅豆、
杏仁、山藥、紅薯等。

蛋白質

來源▶

蕎麥、小麥、黃豆、綠豆、紅豆等。

脂肪

來源▶

黃豆、黑豆、杏仁、核桃、
榛子、花生等。

膳食纖維

來源▶

黑豆、綠豆、紅豆、燕麥、小麥、
大麥、蕎麥等。

維他命

來源▶

維他命 B 群：白米、小米等。
維他命 E：蕎麥、薏仁、黃豆、紅
豆、核桃等。

礦物質

來源▶

鈣：黃豆、綠豆、黑豆等。
鐵：黃豆、芝麻。
鋅：栗子、芝麻等。
鎂：玉米、燕麥等。

五穀雜糧的養生功效

排毒、抗癌

五穀雜糧中的膳食纖維具有解毒能力，能促進腸道蠕動，並減少亞硝胺等致癌物在腸道中的停留時間，還能吸附致癌物質並使之排出體外，防癌抗癌。

預防心血管疾病

五穀雜糧中的膳食纖維、維他命等，可減少腸道吸收膽固醇，促進膽汁排泄，幫助降低血中膽固醇，抑制體內脂肪堆積，有效預防心肌梗塞等心臟病的發生。

降低血糖

五穀雜糧中的膳食纖維進入胃腸後，會不斷吸水膨脹，令人產生飽腹感，從而減少食量。膳食纖維還可以延緩身體對糖的吸收，防止飯後血糖急劇上升，對於控制血糖與調節血糖很有幫助。相對於細糧而言，糖尿病患者可適量多食用五穀雜糧。

減肥、通便

五穀雜糧中的膳食纖維含量較高，可以在胃腸內限制糖分與脂肪吸收，有效增加飽腹感，抑制進食更多食物的慾望，進而減少熱量攝入，有助於減肥。另外，五穀雜糧中的膳食纖維還能促進腸道蠕動，達到潤腸通便的作用，對於輔助治療便祕與痔瘡等煩惱問題也有很好的療效。

美容護膚

五穀雜糧所含的膳食纖維可清除體內垃圾，排毒養顏；所含的維他命 E 具有抗氧化功效，可延緩衰老。

粥是粗糧細做的好方式

粥在中國有幾千年的歷史，古代醫家和養生家稱其為「第一補人之物」。

粥的補人之處

粥是以五穀雜糧為原料加水經過長時間熬煮而來，柔軟糯香，既可生津補水，又可養生防病。比如，熬煮之後的粥含有豐富的膳食纖維和大量的水分，可緩解便祕，潤腸通便。再比如，温熱的粥膳能夠幫助人體驅除寒氣，增強抗寒能力，預防感冒。不僅如此，粥熬好後，上面往往浮著一層細膩、黏稠的物質，中醫上稱之為「米油」，這層「米油」營養豐富，可強身健體、益壽延年。

五穀雜糧熬煮成粥更易消化

穀類、豆類多含有蛋白質、脂肪、碳水化合物、多種維他命和礦物質等，經過熬煮可以更有效釋放營養，並且改善粗糙的口感，質地糜爛稀軟，很容易被人體消化吸收。

對於消化吸收功能差的人來說，粥不但能促進營養吸收，還能調養腸胃；對兒童來說，合理進食粥膳可以提高腸胃消化功能，提供充足的營養；對於老年人來說，可以增強免疫力，延年益壽。另外，因為易消化吸收，粥膳也特別適合病人食用，有利於病後康復。

不同五穀搭配發揮更多功效

粥的最妙之處在於熬煮時可以添加不同的養生食材，從而達到食補的效果。通過不同的食材搭配，幾乎可以熬煮出適合不同人群食用、具有不同保健功效和防病效果的粥。穀類、豆類以及核桃、芝麻等雜糧的混合搭配就可以變化出很多不同口感和營養功效的粥，加入水果、蔬菜甚至肉類、魚類、動物肝臟等食材，也都有各自意想不到的效果。

完美煮粥的小竅門

看似簡單的水、米相加煮粥，要熬出好味道其實還是需要掌握一些小技巧，正所謂「見米不見水，非粥也；見水不見米，非粥也。必使水米柔膩為一，然後方為粥」。那麼，煮粥到底有什麼竅門呢？

🍲 食材要新鮮、優質

選擇煮粥用米時，應盡量挑選米粒完整飽滿的，煮出來的粥才能軟糯香濃。而且最好挑選新米，不要用陳米，陳米存放時間過長，煮出來的粥，口感沒有那麼香黏。淘米過程中要挑米，把雜質或劣質米粒挑出去。用青菜、肉類等做粥時，要選擇新鮮食材。

陳米

優質米

🍲 最好泡泡米

煮粥所用的米、豆等，用清水洗淨後經過幾小時的浸泡，更容易熟爛，能縮短煮粥時間，而且米能更充分吸收水分，使煮出來的粥更加黏稠、有口感。

🍲 鍋具的選擇

煮粥用沙鍋、壓力鍋、電鍋等均可，其中，沙鍋的保溫效果好，能使米粒持續、均勻地受熱，從而使粥香黏軟糯；壓力鍋完全密閉，可避免接觸過多氧氣，減少因氧化造成的損失，能妥善保存營養（壓力鍋在使用中要注意安全，一定要閱讀使用說明，按說明操作）；現在的電鍋也都是立體加熱，可使米粒均勻受熱，煮粥味道也不錯。

吃剩的米飯如果沒有變質，可用來做粥。可是用剩飯煮粥總是容易黏稠，所以先用水沖洗一下再煮，就不會發黏了，味道像新煮的一樣好喝。

🍲 掌握好水與米的比例

　　上火煮粥前最好一次性把水放足，掌握好水、米的比例，不要中途添水，否則粥會變稀，在黏稠度和濃郁香味上大打折扣。一般情況下，稠粥的水與米比例為15：1（比如1碗白米，加15碗水），稀粥的水與米比例為20：1。

🍲 火候要把控

　　煮粥時，通常先用大火煮沸後再轉小火慢熬至粥熟爛，這樣能夠煮出食材中的營養成分，使之更易被人體吸收，同時口感也會更好。

🍲 防止溢鍋

　　煮粥時，往往會出現溢鍋的情況，其實只要在粥水尚未燒開之時往鍋中滴入少許花生油或香油，待水燒開後改用慢火，這樣無論煮多長時間，粥水也不會溢出鍋外了。

🍲 攪拌讓粥更美味

　　在煮粥過程中，攪拌是煮出美味粥膳的關鍵一步。攪拌的技巧是：米剛下鍋用力攪拌幾下，改用小火熬煮20分鐘左右後，慢慢地朝一個方向不斷攪拌。攪拌會使米粒更飽滿，粥更黏稠。

特別提醒

現在很多電鍋有「預約計時」功能，對於一些忙碌的上班族，如果早上來不及現煮，可以在前一晚將米淘好入鍋，然後定好電鍋的啟動時間，這樣早上就可以按時吃上香噴噴的粥了。

洗米、泡米

沸水下鍋

不停攪拌

怎麼喝粥最健康

　　粥是滋補之物，卻並非多多益善。服用粥膳也要把握好尺度，一定要掌握食用粥膳的宜忌，才可補益身體，達到養生的目的。

食粥宜選對時間

　　粥膳在一天三餐中均可食用，但對正常人來說（糖尿病患者除外），最佳時間是早晨，因為早晨脾胃困頓、呆滯，胃津不濡潤，常會出現胃口不好、食慾不佳的情況，此時若服食清淡粥膳，能生津利腸、濡潤胃氣、啟動脾運、利於消化。如果晚上喝粥，最好不要加入糯米和豆類，以免引起消化不良、腹脹等情況。

不宜食用太燙的粥

　　常喝太燙的粥，會刺激食道，不僅損傷食道黏膜，還會引起食道發炎，造成黏膜壞死，長此下去容易誘發食道癌。

▼ 這些主食與粥搭配，再配以合口小菜就是一頓豐盛的早餐。

🍲 海鮮粥宜用胡椒粉去腥

在食用魚、蝦等水產品製作的海鮮粥時，難免會有腥味，這時不妨在粥裡加入胡椒粉，可以去掉腥味，還能使粥更加鮮美。

🍲 孕婦不宜食用薏仁粥

薏仁雖然營養豐富，但並不適合孕婦，特別是懷孕初期食用。因為薏仁中的薏仁油有收縮子宮的作用，故孕婦應慎食。

🍲 腸胃病患者忌食稀粥

腸胃病患者腸胃功能較差，不宜經常食用稀粥。因為稀粥中水分較多，進入腸胃後，容易稀釋消化液、唾液和胃液，從而影響腸胃的消化功能。而且，稀粥中所含能量太少，不能滿足人體機能正常運轉和臟腑修復的需要。

🍲 糖尿病患者喝粥要講究

一般認為糖尿病患者最好不要經常喝粥，因為五穀中的澱粉經熬煮後會分解，致使血糖快速升高。其實，只要掌握血糖的波動規律並注意以下幾點，糖尿病患者是可以正常喝粥的。

1 盡量不在早餐喝粥，研究證明，人體的血糖上午普遍偏高，中午和晚上則趨於平穩，因此，糖尿病患者可改在午餐或晚餐喝粥更好。

2 熬粥時適當添加粗糧，粗糧中的膳食纖維可明顯降低粥的升糖指數。

3 糖尿病患者喝粥，粥一定不要熬得太稠太爛，粥熬得越爛，精糊化程度越高，升糖指數也就越高，血糖越難控制，應該盡量喝稀粥。甚至在煮粥過程中，可先將洗好的米入沸水中煮一下，撈出後再煮粥。

4 不要空腹喝粥，空腹喝粥易引起血糖波動，喝粥前先吃點主食，並且搭配些蔬菜一起吃，可使綜合血糖指數下降。

5 喝粥的時候要慢喝，這樣可減緩血糖升高速度。

根據體質喝對粥

　　「體質」是指人體的形態與功能在生長發育中所形成的個別特殊性，進食適合自己體質的食物可以促進體質優化，錯誤的飲食則會導致體質偏頗。人的體質分為平和、陽虛、陰虛、氣虛、痰濕、濕熱、血瘀、氣鬱和特稟九種，其中平和體質被視為正常的健康體質，其他八種體質則需要針對性的飲食調養。

平和體質

　　這是一種健康體質，表現為陰陽氣血調和、體態適中、面色紅潤、精力充沛等，舌淡紅，苔薄白，脈和緩有力；平時患病較少。平和體質者飲食注意均衡即可。

推薦五穀：白米、薏仁、紅薯、核桃、蓮子、桂圓、栗子、松子、花生、紅棗等。

其他推薦：菠菜、芹菜、蘋果、豬肉、雞肉、牛肉等。

陽虛體質

　　這種體質的人怕冷，表現為陽氣不足、畏寒怕冷、手足不溫等現象，舌淡胖嫩，脈沉遲。容易患痰飲、腫脹、泄瀉等病。這種體質者適合陽氣充足養生法，可多飲用補陽粥膳，以溫腎壯陽、補精髓、強筋骨。同時要注意忌吃性涼的食物，如柚、柿子、西瓜等。

推薦五穀：糯米、小米、燕麥、核桃、山藥、栗子、紅棗等。

其他推薦：韭菜、牛肉、羊肉、蝦等。

陰虛體質

　　這種體質主要表現為陰液虧少、口燥咽乾、手足心熱、舌紅少津、脈細數等。容易患虛勞、失精、不寐等病。適合活氣補陰養生法，應多吃滋陰清熱的粥膳，少吃肥膩燥烈的食物，如胡椒、桂皮、生薑、辣椒、白酒等。

推薦五穀：黑豆、黃豆、小麥、紫米、糯米、小米、玉米、蕎麥、黑芝麻等。

其他推薦：木耳、銀耳、番茄、菠菜、蓮藕、豬肉、甲魚等。

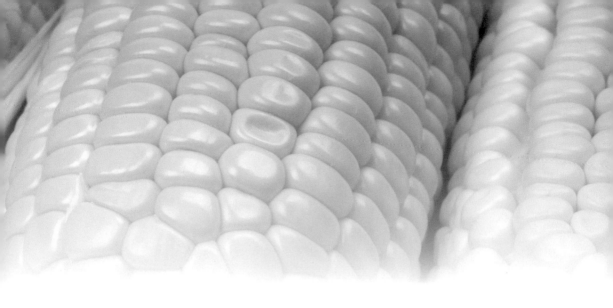

痰濕體質

　　這種體質的顯著特徵是多痰，表現為痰濕凝聚、形體肥胖、口黏苔膩等現象。容易患消渴、中風、胸痹等病。適合健脾通氣養生法，應多吃健脾利濕、化痰去痰的粥膳，少吃肥甘厚味的食物，如糯米飯、油炸食品、魚肉、海鮮、甜食、肥肉等，酒類也不宜多飲。

推薦五穀：黃豆、黑豆、青豆、玉米、白米、小米、薏仁、扁豆、紅豆等。

其他推薦：竹筍、茼蒿、冬瓜、蘑菇、紫菜、海蜇、鯽魚等。

氣虛體質

　　這種體質者，平常語音低弱，常會感到疲勞乏力，精神不振，易出汗，脾肺功能較弱，身體抵抗力差，易患感冒，或者生病了不易痊癒，或易出現內臟下垂的症狀。因此，氣虛體質者宜服用補氣粥膳，可補肺氣、益脾氣、增強抵抗力和免疫力。

推薦五穀：糯米、小米、大麥、黃豆、紅豆等。

其他推薦：高麗菜、花生、南瓜、紅蘿蔔、馬鈴薯、蓮藕、山藥、人參、香菇、雞肉、牛肉、羊肉等。

濕熱體質

這種體質者容易長痘，表現為濕熱內蘊、面垢油光、口苦口乾、大便不暢、小便短黃等現象，舌質偏紅，苔黃膩、脈滑數。容易患瘡癤、黃疸、熱淋等病。適合除濕養生法，應多吃清淡、甘寒、甘平的食物，不宜吃辛辣、燥烈的食物，如辣椒、蔥、生薑、酒等。

推薦五穀：薏仁、小米、綠豆、紅豆等。

其他推薦：冬瓜、苦瓜、黃瓜、絲瓜、芹菜、荸薺、海帶、綠豆、西瓜、蓮藕等。

特稟體質

這種體質者的主要特徵是易過敏，表現為先天失常、生理缺陷、過敏反應等，平時一般無特殊症狀。過敏體質者易患哮喘、蕁麻疹、花粉症及藥物過敏等。適合緩解過敏養生法，多飲用清淡的粥，平時飲食中注意粗細搭配、葷素搭配，多食益氣固表的食物。

推薦五穀：如糯米、小麥、燕麥、綠豆、山藥等。

其他推薦：紅棗、黃瓜、冬瓜、苦瓜、白蘿蔔、豆芽、山楂、橘子等。

氣鬱體質

　　這種體質者主要表現為氣機鬱滯、神情抑鬱、憂慮脆弱等，舌淡紅，苔薄白，脈弦。容易患臟躁、梅核氣、百合病及鬱症等。適合降壓解悶養生法，應多食可行氣的粥膳。忌食辛辣、咖啡、濃茶等刺激品，少吃肥甘厚味的食物。

推薦五穀：黃豆、黑豆、紅豆、蕎麥、糯米、小米、小麥、高粱等。

其他推薦：蘋果、洋蔥、山藥、紅棗、豬肉、香蕉、鯉魚。

血瘀體質

　　這種體質者容易長斑，表現為血行不暢、膚色晦暗、口唇黯淡等現象，舌質紫黯，脈澀。容易患痛證、血證等。適合活血防瘀養生法，應多吃有活血化瘀功效的食物，達到「以通為補」的目的。不要吃過於寒涼的食物，如冷飲、西瓜、冬瓜、絲瓜、白菜等。

推薦五穀：燕麥、黑豆、花生、紅豆、黑木耳、核桃等。

其他推薦：韭菜、大蒜、豬血、竹筍、油菜、茄子、木耳、平菇、香菇。

第一章

細數五穀雜糧

白米

促進消化、補脾清肺、調養氣血、調和五臟

　　白米是東方人的主食，富含碳水化合物、蛋白質和維他命 B 群等，被譽為「五穀之首」。中醫認為，白米性平，味甘，《本草綱目》記載其可健壯筋骨、益腸胃、通血脈、調和五臟。

經典搭配

白米＋豆類：豆類中的離胺酸、色氨酸可彌補穀類中氨基酸的不足，提高蛋白質營養價值。

白米＋山藥：山藥含黏液蛋白可健脾益胃，與白米搭配可和五臟、助消化。

人群宜忌

✓ 一般均可食用，尤其適合體虛者、產婦、老人、嬰幼兒等消化力較弱者。

✗ 糖尿病患者不宜多食。

這樣煮最營養

白米煮粥時不宜放鹼，否則會破壞所含的維他命 B 群。

白米營養含量表

（每100克可食用部分）

熱量	1,435千焦
蛋白質	7.7克
脂肪	0.6克
碳水化合物	77.4克
維他命 B 1	0.16毫克
維他命 B 2	0.08毫克
維他命 E	1.01毫克
鈣	11毫克
鉀	97毫克
磷	121毫克
鈉	2.4毫克
鎂	34毫克
鐵	1.1毫克
鋅	1.45毫克

小米

滋陰補血、和胃安眠、健脾養胃、補充體力

　　小米是經典五穀之一，富含維他命B1、維他命B2、維他命E、蛋白質、煙酸、磷、鉀等。中醫認為，小米性涼，味甘、鹹，歸腎、脾、胃經。

經典搭配

小米＋牛奶：小米含有豐富的色氨酸，有安眠功效，與同樣可安眠的牛奶搭配能鎮靜催眠。

小米＋黃豆：黃豆所含的必需氨基酸較為均衡，而小米中的必需氨基酸不平衡，二者搭配可以互相彌補。

人群宜忌

✓一般人群均可食用，尤其適合產婦、老年人及失眠、身體虛弱者。

✗脾胃虛寒者不宜多食。

這樣煮最營養

小米煮粥時不宜放杏仁，否則容易引起嘔吐和腹瀉。

小米營養含量表

（每100克可食用部分）

熱量	1,498千焦
蛋白質	9.0克
脂肪	3.1克
碳水化合物	75.1克
維他命B1	0.33毫克
維他命B2	0.1毫克
維他命E	3.63毫克
鈣	41毫克
鉀	284毫克
磷	229毫克
鈉	4.3毫克
鎂	107毫克
鐵	5.1毫克
鋅	1.87毫克

糯米

健脾開胃、消炎消腫、滋補禦寒、緩解氣虛

　　糯米是糯稻脫殼的米，即中國北方常說的江米。糯米營養豐富，含有蛋白質、膳食纖維、碳水化合物、維他命B群、鈣、鐵、磷等。中醫認為，糯米性溫，味甘，歸脾、胃、肺經。

經典搭配

糯米＋山藥：山藥有收澀作用，與糯米搭配食用，對防治脾虛、腹瀉有好處。

糯米＋紅棗：糯米含有豐富的維他命B群，可以溫暖脾胃，祛寒、健脾胃。

人群宜忌

✓一般人群均可食用，尤其適合體虛多汗、脾胃虛弱、神經衰弱的人。

✗ 胃炎、十二指腸炎、消化道炎患者不宜食用。

這樣煮最營養

在煮糯米前最好先浸泡2小時，這樣煮出來的糯米營養更易被人體吸收。

糯米營養含量表

（每100克可食用部分）

熱量	1,456千焦
蛋白質	7.3克
脂肪	1.0克
碳水化合物	78.3克
維他命B1	0.11毫克
維他命B2	0.04毫克
維他命E	1.29毫克
鈣	26毫克
鉀	137毫克
磷	123毫克
鈉	1.5毫克
鎂	49毫克
鐵	1.4毫克
鋅	1.54毫克

糙米

補氣養陰、清熱涼血、保護血管、防癌排毒

糙米被視為綠色食物，富含膳食纖維、維他命Ｂ１、維他命Ｂ２、維他命Ｅ、蛋白質、鈣、磷等。《本草綱目》中稱糙米具有「和五臟、好顏色」的妙用；《名醫別錄》中稱糙米能「益氣止渴止洩」。

經典搭配

糙米＋紅薯：紅薯是一種鹼性食品，能調節人體的酸鹼平衡，二者結合可達到益氣養顏、調節酸鹼平衡的功效。

糙米＋排骨：排骨富含鈣質，糙米可健脾開胃，搭配食用能夠補鈣開胃。

人群宜忌

✓ 一般均適宜食用，尤其適合肥胖者。

✗ 胃潰瘍及胃出血者不宜食用。

這樣煮最營養

糙米質地緊密，不容易煮爛，所以在煮之前先將其淘洗乾淨，再用冷水浸泡10～12個小時。

糙米營養含量表

（每100克可食用部分）

熱量	1,387千焦
蛋白質	7.2克
脂肪	2.4克
碳水化合物	76.5克
維他命Ｂ１	0.11毫克
維他命Ｂ２	0.05毫克
維他命Ｅ	0.46毫克
鈣	11毫克
鉀	163毫克
磷	310毫克
鈉	5.0毫克
鎂	119毫克
鐵	1.2毫克
鋅	2.10毫克

薏仁

降血脂、消腫祛濕、降糖防癌、去斑美膚

　　薏仁又名薏苡仁、苡仁、苡米，富含氨基酸、薏苡素、薏苡酯、鎂、鈣、維他命 B 群、維他命 E 等，《本草綱目》記載，薏仁能健脾益胃，補肺清熱，祛風勝濕，養顏駐容，輕身延年。

經典搭配

薏仁＋紅豆：薏仁能促進體內血液循環和水分新陳代謝，與可以利尿的紅豆搭配能夠有效祛濕。

薏仁＋桂圓：薏仁中含有維他命 E，可以使皮膚光澤細膩，與桂圓搭配能改善皮膚乾燥和粗糙。

人群宜忌

✓ 尤其適合體弱的人。

✗ 懷孕早期的婦女，汗少、尿多、便祕者不宜多食。

這樣煮最營養

煮粥時最好不要放入維他命 C 含量豐富的菠菜，否則會降低營養價值。

薏仁營養含量表

（每100克可食用部分）

熱量	1,494千焦
蛋白質	12.8克
脂肪	3.3克
碳水化合物	71.1克
維他命 B 1	0.22毫克
維他命 B 2	0.15毫克
維他命 E	2.08毫克
鈣	42毫克
鉀	238毫克
磷	217毫克
鈉	3.6毫克
鎂	88毫克
鐵	3.6毫克
鋅	1.68毫克

燕麥

潤腸通便、減肥降脂、排毒美容、降低血糖

燕麥又稱為雀麥、野麥，富含蛋白質、澱粉、維他命B群、維他命E及鈣、磷、鐵、鉀、硒、膳食纖維等，《本草綱目》記載，燕麥可充飢滑腸，煮成汁飲用，主治女人難產。

經典搭配

燕麥＋牛奶：燕麥富含的膳食纖維可以幫助胃腸蠕動，與牛奶搭配可以清熱通便。

燕麥＋百合：燕麥含有維他命E可以保護肺部不受外界汙染，與百合搭配可以潤肺止咳。

人群宜忌

✔一般均可食用，尤其適合高血壓、血脂異常、動脈硬化、水腫、習慣性便祕者。

✘皮膚過敏者不宜食用。

這樣煮最營養

燕麥產品以燕麥片最常見，其中又以純燕麥片最為理想，因為它是由100%的燕麥為原料製作加工而成。此外，煮燕麥片也是很講究的，生燕麥片需要煮20～30分鐘，熟燕麥片則需要5分鐘。若是熟燕麥片與牛奶同煮，那麼只需要煮3分鐘即可，但中間最好攪拌一次。

燕麥營養含量表

（每100克可食用部分）

熱量	1,531千焦
蛋白質	12.2克
脂肪	7.2克
碳水化合物	67.8克
維他命B1	0.39毫克
維他命B2	0.04毫克
維他命E	7.96毫克
鈣	27毫克
鉀	319毫克
磷	35毫克
鈉	2.2毫克
鎂	146毫克
鐵	13.6毫克
鋅	2.21毫克

玉米

降膽固醇、健腦抗衰、護眼明目、防癌抗癌

　　玉米被譽為「食物中的黃金」，因為它含有多種「抗衰劑」，如鈣、穀胱甘肽、鎂、硒、維他命E等。中醫認為，玉米性平、味甘，入胃、大腸經。中醫典籍《本草綱目》中記載，玉米可調中開胃，其根可治小便淋漓。

經典搭配

玉米＋優酪乳：玉米可以促進腸胃蠕動、調中開胃，與助消化的優酪乳搭配可增強胃腸動力。

玉米＋燕麥：玉米富含膳食纖維，可降低膽固醇，與同樣富含膳食纖維的燕麥搭配可以加強功效。

人群宜忌

✓ 大多數人都可以食用，尤其是糖尿病患者。

✗ 容易腹脹的人不宜食用。

這樣煮最營養

① 煮玉米的時候，加入少許的鹼，可以促進煙酸的吸收。

② 煮粥時可直接用鮮玉米粒，也可用玉米。玉米就是乾玉米加工後所得的。

玉米營養含量表

（每100克可食用部分）

熱量	1,402千焦
蛋白質	8.7克
脂肪	3.8克
碳水化合物	73克
維他命B1	0.21毫克
維他命B2	0.13毫克
維他命E	3.89毫克
鈣	14毫克
鉀	300毫克
磷	218毫克
鈉	3.3毫克
鎂	0.48毫克
鐵	2.4毫克
鋅	1.7毫克

高粱米

和胃消積、減輕痛經、補充鈣質、緩解脾虛

高粱俗稱蜀黍，是中國人的傳統主食。高粱有紅、白之分，紅高粱多用於釀酒，白高粱主要用於食用。中醫認為，高粱米性溫，味甘、澀，歸脾、胃經。

經典搭配

高粱米＋紅棗：紅棗和高粱米都有補脾和胃的功效，搭配食用特別適合脾胃功能不佳的人食用。

高粱米＋小米：具有和胃、消積、溫中、澀腸胃的功能，與小米搭配可以輔助治療脾胃失和引起的失眠。

人群宜忌

✓ 適宜小兒消化不良時服食；適宜脾胃氣虛、大便溏薄之人食用。

✗ 大便燥結者應少食或不食；糖尿病患者也應少食。

這樣煮最營養

高粱米煮粥時，用大火不易煮爛，最好在用大火燒開後轉小火再熬煮一會兒。

高粱米營養含量表

（每100克可食用部分）

熱量	1,469千焦
蛋白質	10.4克
脂肪	3.1克
碳水化合物	74.7克
維他命B1	0.29毫克
維他命B2	0.10毫克
維他命E	1.88毫克
鈣	22毫克
鉀	281毫克
磷	329毫克
鈉	6.3毫克
鎂	129毫克
鐵	6.3毫克
鋅	1.64毫克

抗菌消炎、降膽固醇、降糖降脂、抑制癌症

　　蕎麥又稱為烏麥，富含蛋白質、碳水化合物、膳食纖維、維他命 E、煙酸以及鉀、鈣、鎂、鐵等多種礦物質，《本草綱目》記載，蕎麥可益氣力、續精神、利耳目、降氣寬腸、磨積滯。

經典搭配

蕎麥＋白米：白米可以彌補蕎麥中離胺酸含量不足的劣勢，而且白米還可以緩解蕎麥的粗糙口感。

蕎麥＋薏仁：蕎麥富含膳食纖維，可改善葡萄糖耐量，薏仁中的薏仁多糖能調節血糖濃度。二者搭配可以抑制飯後血糖升高。

人群宜忌

✓ 適宜食慾不振、飲食不香、腸胃積滯、慢性泄瀉者食用。

✗ 脾胃虛寒、消化功能不佳、體質敏感者不宜食用。

這樣煮最營養

煮蕎麥粥時一次不宜煮太多，否則容易引起消化不良。

蕎麥米營養含量表

（每100克可食用部分）

熱量	1,356千焦
蛋白質	9.3克
脂肪	2.3克
碳水化合物	73克
維他命 B 1	0.28毫克
維他命 B 2	0.16毫克
維他命 E	4.40毫克
鈣	47毫克
鉀	401毫克
磷	297毫克
鈉	4.7毫克
鎂	258毫克
鐵	6.2毫克
鋅	3.62毫克

紫米

滋陰補虛、保護血管、防止早衰、健脾和胃

紫米,俗稱「紫珍珠」,《紅樓夢》中更是將其稱為「御田胭脂米」。中醫認為,紫米性溫,味甘,歸心、脾、腎經。《本草綱目》記載:紫米有滋陰補腎、健脾暖肝、明目活血等作用。

經典搭配

紫米＋薏仁:紫米含有多種生物活性物質,能夠提高人體抵抗力,與薏仁搭配可以抗病防癌。

紫米＋椰汁:紫米所含黃酮類化合物能維持血管的正常滲透壓,與椰汁搭配可以防治動脈粥樣硬化。

人群宜忌

✓暫無明顯禁忌,一般人均可食用,糖尿病患者尤其適宜。

這樣煮最營養

泡過紫米的水中含有黑色素,因此煮粥時可將泡米水一起煮,但是紫米一定要洗淨後再浸泡。

紫米營養含量表
（每100克可食用部分）

熱量	1,435千焦
蛋白質	8.3克
脂肪	1.7克
碳水化合物	75.1克
維他命B1	0.31毫克
維他命B2	0.12毫克
維他命E	1.36毫克
鈣	13毫克
鉀	219毫克
磷	183毫克
鈉	4.0毫克
鎂	16毫克
鐵	3.9毫克
鋅	2.16毫克

黑米

補血明目、保護心臟、防癌抗癌、
延緩衰老、烏黑秀髮、開胃益中

　　黑米是米中珍品，素有「世界米中之王」的美譽，富含花青素、生物鹼等生物活性物質。中醫認為，黑米性溫，味甘，歸脾、胃經。《本草綱目》記載，黑米能健脾胃、滋腎水、止肝火、烏鬚髮。

經典搭配

黑米＋黑豆：中醫認為，黑色入腎，黑米和黑豆同食可以補益腎臟。

黑米＋紅棗：紅棗中維他命 C 的含量很高，能夠抗衰老，與黑米搭配食用可以防癌抗衰。

人群宜忌

✓ 適於少年白髮、婦女產後虛弱、病後體虛以及貧血、腎虛等人食用。

✗ 脾胃虛弱的兒童及老人不宜多食。

這樣煮最營養

用黑米和黑豆煮粥之前，提前將黑豆浸泡一晚，這樣更有利於黑豆的營養吸收。

黑米營養含量表
（每100克可食用部分）

熱量	1,393千焦
蛋白質	9.4克
脂肪	2.5克
碳水化合物	72.2克
維他命 B 1	0.33毫克
維他命 B 2	0.13毫克
維他命 E	0.22毫克
鈣	12毫克
鉀	256毫克
磷	356毫克
鈉	7.1毫克
鎂	147毫克
鐵	1.6毫克
鋅	3.8毫克

消渴除熱、健脾消食、 益氣寬中、
防治慢性腸胃炎

大麥

　　大麥是兼具食用和藥用價值的穀類，富含蛋白質、膳食纖維、維他命B群、煙酸等。中醫認為，大麥性涼，味甘、鹹，歸脾、胃經。《唐本草》記載：「大麥麵平胃，止渴，消食，療脹。」

經典搭配

大麥＋糯米：糯米營養豐富，為溫補強壯食品，與大麥搭配食用，可健脾益氣。

大麥＋牛肉：牛肉富含蛋白質、氨基酸，可補虛暖胃，與大麥搭配可以益氣和胃、消積。

人群宜忌

✓ 適宜胃氣虛弱、消化不良者食用。

✗ 有回乳功效，因此懷孕期間和哺乳期的婦女忌食，否則會使乳汁分泌減少。

這樣煮最營養

煮粥前，先將大麥用水浸泡，更利於營養的吸收。

大麥營養含量表

（每100克可食用部分）

熱量	1,284千焦
蛋白質	10.2克
脂肪	1.4克
碳水化合物	73.3克
維他命B1	0.43毫克
維他命B2	0.14毫克
維他命E	1.23毫克
鈣	66毫克
鉀	49毫克
磷	381毫克
鈉	**毫克
鎂	158毫克
鐵	6.4毫克
鋅	4.36毫克

黃豆

降糖降脂、健腦補鈣、保護血管、防老抗癌

　　黃豆被視為「植物肉」，富含優質蛋白大豆異黃酮、卵磷脂、鈣等。中醫認為，黃豆性溫、味甘，入胃、大腸經。《本草綱目》記載，黃豆可做豆腐、榨油、造醬及炒食，可寬中下氣，利於調養大腸，消水脹腫毒。

經典搭配

黃豆＋小米：黃豆富含卵磷脂，可除掉附在血管壁上的膽固醇，和小米一起煮粥食用可以防治高脂血症。

黃豆＋五花肉：黃豆含有豐富的鈣，與五花肉搭配可以預防骨質疏鬆。

人群宜忌

✓ 適宜孕婦、兒童食用。

✗ 肝、腎器官有疾病者忌食，胃寒者和易腹瀉、腹脹、脾虛者及消化功能不良者應少食。

這樣煮最營養

煮黃豆時一定要煮熟、煮爛，否則食後易引發腹脹、腹瀉等症狀。

黃豆營養含量表

（每100克可食用部分）

熱量	1,502千焦
蛋白質	35克
脂肪	16克
碳水化合物	34.2克
維他命B1	0.41毫克
維他命B2	0.20毫克
維他命E	18.9毫克
鈣	191毫克
鉀	1,503毫克
磷	465毫克
鈉	2.2毫克
鎂	199毫克
鐵	8.2毫克
鋅	3.34毫克

綠豆

清熱解毒、消腫利便、降脂降壓、
解暑去燥、抗菌抑菌、抗癌

　　綠豆既有食用價值，又有藥用價值，明代偉大醫藥家李時珍稱綠豆為「濟世之良穀也」。中醫認為，其性寒，味甘，歸心、胃經。《本草綱目》記載，綠豆可「解諸毒……益氣、厚腸胃、通經脈，無久服枯人之忌」。

經典搭配

綠豆＋百合：綠豆對葡萄球菌以及某些病毒有抑制作用，與百合搭配可消暑解毒。

綠豆＋紅豆：綠豆與紅豆均有利水消腫的功效，搭配食用功效更強。

人群宜忌

✓ 一般人群皆可食用，尤其適合高血壓患者。

✗ 陽虛體質、脾胃虛寒、泄瀉者慎食。

這樣煮最營養

煮綠豆時最好不要用鐵鍋，因為綠豆皮中含有單寧，遇鐵會發生化學反應，生成黑色的單寧鐵，既影響味道，又影響人體的消化吸收。

綠豆營養含量表

（每100克可食用部分）

項目	含量
熱量	1,322千焦
蛋白質	21.6克
脂肪	0.8克
碳水化合物	62.0克
維他命 B 1	0.25毫克
維他命 B 2	0.11毫克
維他命 E	10.95毫克
鈣	81毫克
鉀	787毫克
磷	337毫克
鈉	3.2毫克
鎂	125毫克
鐵	6.5毫克
鋅	2.18毫克

紅豆

利尿消腫、潤腸通便、催乳補血、解毒排膿

　　紅豆又被稱為赤小豆。中醫認為，紅豆性平，味甘、酸，歸心、小腸經。《本草綱目》記載，紅豆可下水腫，排除癰腫和膿血，消熱毒，止腹瀉，利小便，除脹滿、消渴。除煩悶，通氣，健脾胃。

經典搭配

紅豆＋冬瓜：紅豆中含有豐富的皂角苷，有良好的利尿作用，與冬瓜搭配可以便利消腫。

紅豆＋紅棗：紅豆是富含葉酸的食物，與紅棗搭配適合產婦食用，可催乳補血。

人群宜忌

✓ 適宜水腫、腎炎患者以及產婦食用。

✗ 頻尿的人不宜食用。

這樣煮最營養

紅豆和鯽魚均有利水消腫的作用，有利於消除水腫，但正因二者同食功效較強，所以沒有水腫症狀的人最好不要同時食用。

紅豆營養含量表

（每100克可食用部分）

熱量	1,293千焦
蛋白質	20.2克
脂肪	0.6克
碳水化合物	63.4克
維他命B1	0.16毫克
維他命B2	0.11毫克
維他命E	14.36毫克
鈣	74毫克
鉀	860毫克
磷	305毫克
鈉	2.2毫克
鎂	138毫克
鐵	7.4毫克
鋅	2.2毫克

黑豆

補腎養腎、健腦益智、美容護髮、抗老防衰

黑豆又名烏豆,富含蛋白質、花青素等。中醫認為,黑豆性平,味甘,歸脾、腎經。《本草綱目》記載,黑豆能治水、消脹、下氣、制風熱而活血解毒。

經典搭配

黑豆＋黃瓜:黑豆含有花青素、異黃酮等,可以美容養顏,與黃瓜搭配可以美顏減肥。

黑豆＋何首烏:黑豆中的維他命含量豐富,能夠防治白髮早生,與何首烏搭配可以烏髮。

人群宜忌

✓ 適宜心臟病患者、糖尿病患者食用。

✗ 尿酸過高的人、消化不良的人不宜食用。

這樣煮最營養

黑豆皮中富含具有抗衰老的花青素等物質,有很好的美容功效,應帶皮食用。

黑豆營養含量表
（每100克可食用部分）

熱量	1,594千焦
蛋白質	36克
脂肪	15.9克
碳水化合物	33.6克
維他命 B 1	0.20毫克
維他命 B 2	0.33毫克
維他命 E	17.36毫克
鈣	224毫克
鉀	1,377毫克
磷	500毫克
鈉	3.0毫克
鎂	243毫克
鐵	7.0毫克
鋅	4.18毫克

豌豆

防癌抗癌、通利大便、健腦益智、潤澤肌膚

豌豆富含膳食纖維、胡蘿蔔素、維他命 B 2 等。中醫認為，豌豆性平，味甘，歸脾、胃經。《本草綱目》記載其可「調顏養身，益中平氣，催乳汁，去黑黯，令面光澤」。

經典搭配

豌豆＋糯米：豌豆歸脾、胃經，可緩解脾胃不適；與可健脾養胃的糯米搭配能夠健胃、抗菌、防腹瀉。

豌豆＋番茄：豌豆中含有胡蘿蔔素，食用後可防止人體致癌物質的合成，與富含番茄紅素的番茄搭配可增加防癌效果。

人群宜忌

✓ 適宜青少年、老年人、孕婦食用。

✗ 容易腹脹的人不宜多食。

這樣煮最營養

① 豌豆粒多食會發生腹脹，故不宜長期大量食用。

② 煮豌豆粥時，可適當加入蛋類等富含氨基酸的食物，這樣能促進人體對豌豆營養的吸收。

豌豆營養含量表

（每100克可食用部分）

熱量	1,310千焦
蛋白質	20.3克
脂肪	1.1克
碳水化合物	65.8克
維他命 B 1	0.49毫克
維他命 B 2	0.14毫克
維他命 E	8.47毫克
鈣	97毫克
鉀	823毫克
磷	259毫克
鈉	9.7毫克
鎂	118毫克
鐵	4.9毫克
鋅	2.35毫克

白扁豆

抗菌解毒、防癌抗癌、補脾和中、提高造血功能

　　白扁豆又名藕豆、小刀豆，富含膳食纖維、B族維生素、酪氨酸酶等。中醫認為，白扁豆性微溫，味甘，歸脾、胃經。《中國藥典》稱其「健脾胃，清暑濕。用於脾胃虛弱、暑濕洩瀉、白帶」。

經典搭配

白扁豆+糙米：糙米可補脾胃、益五臟，與白扁豆熬粥同食，其健脾祛濕之力更強。

白扁豆+香菇：白扁豆含有植物血細胞凝集素，能抑制腫瘤的生長，與香菇搭配可抗癌。

人群宜忌

✓ 皮膚瘙癢、急性腸炎患者適宜食用。

✗ 寒熱病患者忌食。

這樣煮最營養

煮白扁豆時一定要煮爛，否則易引起嘔吐、噁心等毒性反應。

白扁豆營養含量表

（每100克可食用部分）

項目	含量
熱量	1,075千焦
蛋白質	19.0克
脂肪	1.3克
碳水化合物	55.6克
維他命B1	0.33毫克
維他命B2	0.11毫克
維他命E	0.89毫克
鈣	68毫克
鉀	1,070毫克
磷	340毫克
鈉	1.0毫克
鎂	163毫克
鐵	4.0毫克
鋅	1.93毫克

紅薯

通便排毒、防癌抗癌、減肥瘦身、益壽養顏

　　紅薯的營養很豐富，是世界衛生組織評選出來的「十大最佳蔬菜」冠軍。中醫認為，紅薯性平，味甘，歸脾、胃、大腸經。

經典搭配

紅薯＋銀耳：紅薯中的綠原酸可抑制黑色素的產生，防止出現雀斑，與可以美容嫩膚的銀耳搭配可以美容養顏。

紅薯＋南瓜：南瓜中的果膠有吸附性，可以清除體內的有害物質，與紅薯搭配可以潤腸排毒。

人群宜忌

✔ 一般人群均可食用，尤其適合經常被便祕困擾的人。

✘ 胃潰瘍患者、胃酸過多者及容易脹氣的人。

這樣煮最營養

煮粥時一定要選擇外表乾淨、光滑、少皺紋，手感堅硬，且無斑點的紅薯。

杏仁

鎮咳平喘、預防心臟病、美容養顏、延緩衰老

　　杏仁是健康食品，富含蛋白質、脂肪、維他命 B 2、維他命 E、鉀、鎂等，中藥典籍《本草綱目》中列舉杏仁的三大功效：潤肺，清積食，散滯。

經典搭配

杏仁＋牛奶：杏仁能降低人體內膽固醇的含量，與礦物質含量豐富的牛奶搭配可以預防心腦血管疾病。

杏仁＋核桃仁：杏仁和核桃仁中都含有豐富的維他命 E，能夠促進皮膚血液微循環，具有很好的美容效果。

人群宜忌

✔尤其適合年老體弱的慢性便祕者。

✘陰虛咳嗽的人不宜食用。

這樣煮最營養

杏仁有甜杏仁和苦杏仁兩種，煮粥和日常食用多是甜杏仁，苦杏仁多用於藥用。苦杏仁有小毒，所以煮粥時不宜多放，應少量食用。

腰果

潤膚美容、軟化血管、補充能量、潤腸通便

　　腰果清脆可口、味道甘甜，且營養豐富，含有蛋白質、脂肪、維他命E、鈣、鋅等。中醫認為，腰果性平，味甘，歸肺經。《本草綱目》記載其可潤肺、去煩、除痰。

經典搭配

腰果＋花生：腰果中含有豐富的維他命B1，可以補充體力，與高熱量的花生搭配能夠消除疲勞。

腰果＋玉米：腰果含有大量的油脂，可以延緩衰老，與玉米搭配可以抗衰明目。

人群宜忌

✓ 適合體力勞動者、愛美人士食用。

✗ 過敏體質和膽功能嚴重不良者不宜食用。

這樣煮最營養

因為腰果的熱量較高，多吃容易引起肥胖，所以每次煮粥時以最多放入15粒腰果為好。

蓮子

暢通氣血、強心降壓、滋養補虛、止遺澀精

　　蓮子常被用於保健，中醫認為其性平、味甘，入胃、腎經。《本草綱目》中記載其交心腎，厚腸胃、固精氣、強筋骨、補虛損，利耳目，除寒濕，止脾洩久痢。

經典搭配

蓮子＋桂圓：蓮子含有棉子糖，具有很好的滋補功效，與桂圓搭配可以滋養補身。

蓮子＋百合：蓮子所含的生物鹼在抗心律不整時有較強的作用，與具有養心安神功效的百合搭配可以促進睡眠。

人群宜忌

✓ 適宜失眠者或者病後體虛者食用。

✗ 消化不良和大便乾燥者不應多食。

這樣煮最營養

煮粥時宜選擇粒大圓潤、潔白飽滿的。

核桃

健腦益智、緩解疲勞、潤膚烏髮、
防治動脈硬化

　　核桃是著名的「四大乾果」之一，被譽為「萬壽子」。中醫認為，核桃性溫、味甘，入肺、腎經。《本草綱目》記載，其上通於肺而虛寒喘嗽者宜之，下通於腎而腰腳虛寒者宜之。

經典搭配

核桃＋芝麻：核桃仁中的磷脂對腦神經有良好的保健作用，與芝麻搭配能夠增強腦功能。

核桃＋紅棗：核桃仁富含維他命 E，可令皮膚滋潤光滑，紅棗可以補氣養血，二者搭配可以使皮膚紅潤有光澤。

人群宜忌

✔適宜老年人和腦力工作者食用。

✘便溏泄瀉者不宜多食。

這樣煮最營養

核桃熱量較高，容易引起肥胖，所以煮粥時以4～5個為宜。

黑芝麻

延緩衰老、養血駐顏、潤腸通便、
降膽固醇、烏髮養髮、補肝腎

芝麻營養豐富，含有蛋白質、油酸、亞油酸、等。中醫認為，芝麻性平，味甘，歸肝、腎、大腸經。《食療本草》中記載其可「潤五臟、主火灼、填骨髓、補虛氣」。

經典搭配

黑芝麻＋油菜：黑芝麻中的亞油酸能降低血液中膽固醇含量，與油菜搭配可以保護心血管。

黑芝麻＋紅薯：黑芝麻和紅薯都是高膳食纖維的食物，可以促進腸胃蠕動，加速身體排毒。

人群宜忌

✓ 適宜頭髮早白、貧血、身體虛弱、慢性便祕者食用。

✗ 患慢性腸炎、便溏腹瀉者不宜食用。

這樣煮最營養

將黑芝麻碾碎以後煮粥更有利於營養的吸收。

第二章

變著花樣來煮粥

自從黃帝「烹穀為粥」以來，粥就成了人們的養生之選，那些營養好喝的經典粥品更是代代相傳。

紅豆粥

**潤腸通便
減肥降脂**

材料
白米…50克
紅豆…30克
紅糖…適量

做法

① 紅豆洗淨，浸泡1小時；白米淘洗乾淨，浸泡30分鐘。

② 鍋置火上，加入適量清水煮沸，將紅豆放入鍋內，煮至爛熟時再加入白米，大火煮沸後轉小火繼續熬煮至黏稠即可，並加紅糖攪勻。

特別提醒
紅豆可利水，尿頻者不宜飲此粥。

紅豆含有較多的膳食纖維，有良好的潤腸通便、減肥、降血脂、調節血糖等作用。

材料

白米、小米、糯米、大黃米、糙米…各15克

黑米、薏仁、燕麥、大麥仁、高粱米、芡實、紅蓮子、綠豆、紅豆…各10克

去殼菱角…25克

葡萄乾、花生米、腰果、桂圓肉、紅棗…各15克

栗子…50克

冰糖…30克

做法

① 將材料中的米類和豆類分別淘洗乾淨，糯米、糙米、大麥仁、高粱米、薏仁、綠豆、紅豆分別浸泡3小時。

② 將芡實、紅蓮子、菱角洗淨後，放入壓力鍋中加適量水煮開，加蓋小火煮30分鐘關火，燜5分鐘，再放入黑米、燕麥、大麥仁、薏仁、高粱米、紅豆、綠豆煮開，加蓋小火煮30分鐘，關火燜5分鐘，放入白米、小米、糯米、大黃米、糙米、花生米、腰果、葡萄乾、紅棗、栗子、桂圓肉，用杓子攪勻，放入冰糖，大火煮開，加蓋小火煮20分鐘關火，燜10分鐘即可。

臘八粥

暖胃禦寒
保護心腦
血管

材料豐富，用多種米、豆和堅果等一起熬煮而成，營養全面，含蛋白質、鐵、膳食纖維、維他命E、維他命B群和不飽和脂肪酸等，可補充能量、暖胃禦寒，還能有效預防心腦血管疾病。

特別提醒

煮此粥所用的食材，有的易熟，有的不易熟，因此可根據耐煮程度分次放入。另外，此粥用料較多，有些食材不易熟，因此最好用壓力鍋煮，比較節約時間。

紫米可滋陰補虛，其天然色素富含抗氧化的花青素，可阻斷自由基，防治動脈硬化，保護血管健康。

材料
紫米、糯米…各50克
紅棗…20克
白糖…適量

紫米一次不宜食用過多，以免引起消化不良。

做法
① 紫米、糯米分別淘洗乾淨，浸泡4小時；紅棗洗淨，去核。
② 鍋置火上，加適量清水煮沸，再放入紫米和糯米，用大火煮沸，轉小火熬煮至粥成時，加入紅棗、白糖，繼續熬煮片刻即可。

紫米粥

滋陰補虛
防治動脈
硬化

玉米渣綠豆白米粥

清暑解毒

材料
玉米渣、白米…各50克
綠豆…30克

做法
① 玉米渣、白米、綠豆分別淘洗乾淨，加適量清水浸泡4小時。
② 鍋置火上，將白米、玉米渣、綠豆放入壓力鍋中，加足量水，蓋好蓋，大火煮沸後轉小火繼續熬煮20分鐘後關火，再燜10分鐘即可。

特別提醒
綠豆有解毒功效，正在服藥的人不宜飲用。

綠豆是解毒聖品，富含蛋白質、碳水化合物、維他命B群等，可清暑熱、解毒，夏季食用此粥可清熱生津、防中暑。

材料

小米…100克

做法

① 小米淘洗乾淨。

② 鍋置火上，倒入適
量清水燒開，放小
米大火煮沸，再轉
小火，不停攪拌，
煮至小米開花即可
食用。

小米粥

健脾

民間常說
「小米粥最養人」，
因為小米富含
維他命B群，
有助於健脾胃，
防治消化不良，
還有滋陰養血的功效，
可幫助產婦恢復體力。

材料

白米…100克

做法

① 白米淘洗乾淨，浸
泡30分鐘。

② 鍋置火上，將白米
與適量清水同放入
鍋中，大火煮沸後
轉小火煮至米粒開
花即可。

白米粥

和胃健脾
清肺止渴

白米煮粥
稀鬆平常，
但平常之中卻有
不凡的功效，
可和胃健脾、
清肺止渴，
感冒發燒時
來碗白米粥配小菜，
最有利於病情好轉。

菜粥

菜粥就是用蔬菜煮粥，也稱為蔬菜粥。將蔬菜加到粥裡，做起來簡單，而且口感豐富，可為人體提供更多維他命、礦物質以及一些具有抗氧化功效的植物性營養素，頗受人們寵愛。

適合煮粥的蔬菜

菠菜

芹菜

紅蘿蔔

南瓜

冬瓜

紅薯

菠菜粥

菠菜中維他命C、胡蘿蔔素的含量都比較高，胡蘿蔔素在人體內轉變成維他命A，能保護眼睛和皮膚健康，同時菠菜還富含葉酸，適合孕媽咪食用，可有效預防神經管畸形兒。

保護眼睛皮膚健康

材料
白米…100克
菠菜…25克
鹽、雞精…各適量

做法
① 將白米洗淨，浸泡30分鐘；菠菜洗淨，切段，入開水中氽燙一下撈出。
② 鍋置火上，倒入適量清水煮沸，放入白米用大火煮沸，改小火繼續熬煮，待粥成時加入菠菜段、鹽、雞精調味即可。

特別提醒
菠菜富含草酸，會與體內的鈣結合形成草酸鈣，影響鈣的吸收，入沸水氽燙一下可去掉草酸。

油菜白米粥

小油菜有活血化瘀、養顏美容的作用，還能增強肝臟的排毒能力，可輔助治療皮膚瘡癤，適合血瘀體質者。

活血化瘀養顏美容

材料
白米…100克
小油菜…50克
鹽…3克
香油…適量

做法
① 小油菜洗淨，入沸水鍋中氽透，切碎；白米淘洗乾淨，用水浸泡30分鐘。
② 鍋置火上，加適量清水燒沸，放入白米，大火煮沸後轉小火熬煮成粥，加入小油菜末並拌勻，用香油、鹽調味即可。

特別提醒
煮菜粥時，青菜在粥出鍋前幾分鐘放入即可，以免青菜煮得過久變色。

材料
白米…100克
綠花椰菜、紅蘿蔔、
蘑菇…各40克
肉湯…500克
香菜末、鹽、
雞精…各適量

做法
① 綠花椰菜洗淨，掰成小朵；紅蘿蔔洗淨，切丁；蘑菇去根洗淨，切片；白米淘洗乾淨，用清水浸泡30分鐘。
② 鍋置火上，倒入肉湯和適量清水大火燒開，加白米煮沸，轉小火煮20分鐘，下入紅蘿蔔丁、蘑菇片煮至熟爛，倒入綠花椰菜煮3分鐘，再加入鹽、雞精、香菜末拌勻即可。

田園蔬菜粥

抗輻射

綠花椰菜和紅蘿蔔均富含胡蘿蔔素，可有效緩解電腦輻射造成的視疲勞；蘑菇能通便、抗癌、抗輻射。三者搭配食用，有較好的抗輻射功效。

特別提醒

綠花椰菜洗淨後，最好用手掰成小塊，而不要用刀切，以免破碎造成營養流失。

肉粥是將肉切成絲、薄片或肉丁與米類等同煮，加調料後食用的粥。肉粥可為人體提供豐富的蛋白質、不飽和脂肪酸等成分，在提高人體免疫力、增強食慾等方面效果顯著。除了肉類以外，動物肝臟，比如豬肝、豬腰、雞肝等也可煮成不同口味的粥。

肉粥

適合煮粥的肉類

豬肉

牛肉

雞肉

鴨肉

皮蛋瘦肉粥

材料

白米…100克
豬瘦肉…50克
皮蛋…1顆
蔥花、料酒、鹽、
雞精…各適量

做法

① 白米淘洗乾淨，浸泡30分鐘；皮蛋去殼，切丁；豬瘦肉洗淨，切丁，入沸水（沸水中加適量料酒）汆燙，撈出瀝乾。

② 鍋置火上，倒水燒沸，下入白米煮沸後加入瘦肉丁、皮蛋丁，改小火煮至黏稠，出鍋前加入鹽、雞精、蔥花調味即可。

皮蛋可清熱消炎、滋補健身；豬瘦肉可補虛強身、滋陰潤燥、豐肌澤膚；白米有調補脾胃的作用。三者一起煮粥食用，不僅美味可口，營養豐富且易消化吸收，還有生津潤燥、溫和滋補的功效。

特別提醒

煮肉粥時，提前用沸水將肉汆燙並洗去浮沫，粥不會有腥羶氣味，且粥面清亮，雜沫少。

滑蛋牛肉粥

牛里脊肉對於提高身體免疫力、病後的調養以及修復人體組織方面有一定的功效；白米能調節人體腸胃功能。兩者搭配，可補脾胃、強筋骨。

材料

牛里脊肉…50克
白米…100克
雞蛋…1顆
薑末、蔥末、香菜末、鹽…各適量

做法

① 牛里脊肉洗淨切片，加鹽醃30分鐘；白米淘洗乾淨，用水浸泡30分鐘。

② 鍋置火上，加適量清水煮開，放入白米，煮至將熟，將牛里脊肉片下鍋煮至變色，將雞蛋打入鍋中攪拌，粥熟後加鹽、蔥末、薑末、香菜末即可。

特別提醒

食用肉粥時，也可以根據個人口味撒入一些胡椒粉，這樣可以提味。

香菇滑雞粥

香菇和雞肉都是補益脾胃的優良食物，兩者搭配做粥，可健脾開胃、補脾益氣，常吃能增強胃動力，對脾胃很有好處。

材料

白米、雞胸肉…各100克
香菇…80克
生菜…20克
蛋清…1顆
鹽、雞精、胡椒粉、香油、麵粉、料酒…各適量

做法

① 白米洗淨；香菇洗淨切片；雞肉洗淨，切絲，加蛋清、麵粉、料酒抓勻，醃漬5分鐘；生菜洗淨，切絲。

② 白米放入壓力鍋中，加水大火燒開，轉小火煮20分鐘，然後將香菇放入粥內，雞肉絲也放入粥中滑散，再煮3分鐘，最後放入生菜絲關火，加鹽、香油、雞精、胡椒粉調勻即可。

海鮮粥

　　海鮮粥在港台較為普遍,是在粥中加入蝦仁等海鮮食材製作而成,口味鮮香,但是對海鮮過敏的人群應慎食。

| 適合煮粥的海鮮

蝦仁

魚

蟹

海參

魷魚

干貝

海紅蟹粥

滋補清熱

海紅蟹富含蛋白質，能滋補身體，還能清熱解毒、活血去痰。

材料

海紅蟹…2隻（約300克）
白米…100克
鹽、香油、胡椒粉、
雞精、薑片…各適量

做法

① 白米淘洗乾淨；海紅蟹清洗乾淨，將海紅蟹的腿全部掰掉，臍部也掰掉不用，打開蟹殼，去掉蟹鰓和內臟，將蟹切成四塊。

② 壓力鍋加入白米和足量水，用大火燒開，加蓋轉小火煮20分鐘，至壓力鍋內無壓力時開蓋，將處理好的蟹塊和薑片放入煮好的粥中，加鹽，用小火煮5分鐘，加胡椒粉、香油、雞精調勻即可。

特別提醒

海紅蟹放入粥中後，煮的時間不宜過長，否則會失去鮮味，影響口感。煮此粥一定要加生薑，因為螃蟹性寒，加入生薑可緩解寒性。

生滾魚片粥

開胃保護心血管

草魚肉嫩而不膩，可以開胃、滋補，多食可提高免疫力，同時草魚含有豐富的不飽和脂肪酸，可保護心血管健康。

材料

草魚肉…30克
白米…50克
香菜段、蔥花、薑塊、料酒、大豆沙拉油、雞蛋清、鹽、麵粉、雞精…各適量

做法

① 將草魚肉洗淨，切成片，放入碗中，加雞蛋清、鹽、料酒、麵粉上漿；白米淘洗乾淨。

② 鍋內倒油燒熱，爆香蔥花、薑塊，倒入清水、料酒燒沸，下白米煮沸，用小火熬至粥稠，加入魚片滾熟至變色，用鹽和雞精調味，揀去蔥花、薑塊，撒上香菜段即可。

蝦仁西芹粥

補鈣益智降壓

材料
白米…100克
蝦仁…200克
芹菜…100克
雞湯…適量
鹽、料酒、薑末、
麵粉…各適量

做法
① 白米洗淨，浸泡30分鐘；芹菜擇洗乾淨，切小段；蝦仁洗淨，在碗中加入料酒、薑末、麵粉和鹽抓勻。
② 鍋置火上，放入雞湯煮開後下入白米煮開，再轉小火熬煮約30分鐘，至米粒開花、粥汁沸騰時加入蝦仁，煮熟後加入芹菜段，放適量鹽拌勻，略滾即可。

特別提醒
對蝦過敏者和皮膚出疹者不宜食用此粥。

蝦仁富含蛋白質、鈣、鋅等，能益智，加入芹菜不僅口感清香，還能加強維他命和膳食纖維的攝入，可降壓，增強人體免疫力。

水果粥

把新鮮水果加入到粥裡熬製，不僅可以清熱生津，還能美容護膚、減肥瘦身。夏季可以將做好的水果粥放入冰箱冷藏後食用，爽口解熱。

適合煮粥的水果

梨子

蘋果

香蕉

荔枝

鳳梨

材料

薏仁、白米…各50克
雪梨…1顆

做法

① 薏仁淘洗乾淨，用清水浸泡
4小時；白米淘洗乾淨；雪
梨洗淨，去皮和蒂，除核，
切丁。

② 鍋置火上，放入薏仁、白米
和適量清水大火煮沸，轉小
火煮至米粒熟爛，放入雪梨
丁煮沸即可。

薏仁雪梨粥

美白肌膚
滋陰潤燥

薏仁富含維他命E，
常食可使皮膚細膩、有光澤，
改善膚色；雪梨可滋陰潤燥。

第三章

四季養生調養粥

春季

推薦五穀

白米

可補人體陽氣。

玉米

性平、味甘，可健脾利濕。

薏仁

可健脾祛濕，防止春睏。

黑芝麻

提供人體熱量，防止春睏。

宜食 ✓

● 宜食偏溫食物以養陽。

● 適當吃甜味食物以防止肝氣過旺。

● 適當增加富含維他命的蔬菜、水果，以抵抗病毒、預防呼吸道感染等。

● 應吃些富含蛋白質的食物，增強抵抗力。

忌食 ✗

● 不宜多吃酸食，以免影響脾胃功能。

● 不宜多吃辛辣、油炸等容易上火的食物。

春季需要補充的關鍵營養素

維他命：增強抗病毒能力。

蛋白質：增強身體抵抗力。

碳水化合物：為人體提供熱量，防止春睏。

其他推薦食材

黑米、蕎麥、紅豆、紅蘿蔔、蓮藕、筍、豬肝、雞肝、草莓、蘋果、梨子。

豬肝紅蘿蔔粥

材料
白米…100克
豬肝…50克
紅蘿蔔…30克
香油…適量

做法
① 白米淘洗乾淨；豬肝去淨筋膜，洗淨；紅蘿蔔洗乾淨，切塊；豬肝和紅蘿蔔分別煮熟，取出，搗成泥。
② 鍋置火上，放入白米和適量清水煮至米粒熟軟，加入豬肝泥和紅蘿蔔泥拌勻，淋上適量香油即可。

補中益氣
養肝明目

白米性平，春季食用可補中益氣，紅蘿蔔中的β胡蘿蔔素能有效預防花粉過敏症、過敏性皮炎等，還能在體內轉化成維他命A，養肝明目。

香菇玉米粥

香菇含有高蛋白、多糖、多種維他命和多種氨基酸，能保持人的正常糖代謝及神經傳導，還能促進食慾、提高免疫力。

提高免疫力

材料
香菇…25克
玉米粒…50克
白米粥…適量
鹽、雞精…各適量

做法
① 香菇洗淨泡發，切成碎丁待用；玉米粒洗淨。
② 鍋置火上，將白米粥倒入鍋中，加適量水煮約5分鐘，加入香菇丁、玉米粒繼續煮30分鐘至黏稠，加入鹽、雞精調味即可。

特別提醒
新鮮蘑菇可直接清洗，乾蘑菇可先用溫水浸泡2～3小時，然後清洗去除沙粒。脾胃寒濕氣滯痛風者或皮膚搔癢病患者忌食。

薑汁鮮藕粥

生薑能使血管擴張、血液循環加快，還可促使身上毛孔張開散熱，把體內病菌、寒氣一同帶出，對風寒感冒有很好的療效。

對抗春季感冒

材料
蓮藕…500克
白米…100克
薑汁…20克

做法
① 蓮藕去皮、洗淨；白米淘洗乾淨。
② 將蓮藕、白米放入沙鍋內，加2,000毫升清水，用小火熬煮50分鐘，熟時加入薑汁。

特別提醒
皮膚搔癢者不宜食用，否則會加重搔癢感。切好的藕片要泡在水裡，以免氧化變黑。

材料
白米…50克
番茄…1顆
雞腿…3支
蔥花、鹽、胡椒粉、
雞精…各適量

做法
① 白米淘洗乾淨，浸泡30分鐘；番茄洗淨，去蒂切塊；雞腿洗淨，用開水汆燙去血水，切塊。
② 鍋置火上，加適量清水煮沸，放入白米，用大火煮沸，轉小火熬煮10分鐘，再加入雞塊、番茄塊熬煮20分鐘，加入蔥花、鹽、胡椒粉、雞精調味。

番茄雞塊粥

開胃消食

特別提醒

白癜風患者不宜食用，因為番茄中含有大量的維他命C，對病情不利。豬肝在煮之前要先汆燙過血水，去腥臊，然後再煮熟做粥，以免影響口感。

番茄與雞塊一起煮粥，有開胃消食的作用，而且可使營養更均衡。

雞肝有補肝益腎、補血養血的功效，在春季食用可以養肝補血。

材料

雞肝…2個

菟絲子…10克

小米…50克

蔥花…5克

鹽…3克

胡椒粉…1克

做法

① 雞肝洗淨，切條；菟絲子研成末；小米淘洗乾淨。

② 鍋置火上，加適量清水煮沸，放入小米、雞肝條和菟絲子末，用大火煮沸，轉小火熬煮至黏稠，加蔥花、胡椒粉、鹽調味。

雞肝粥

養肝補血

特別提醒

雞肝嘌呤含量較高，會加重嘌呤代謝紊亂，因此痛風病人不宜食用。做此粥時最好不放鹼。

甜奶黑芝麻粥

牛奶富含優質蛋白質、維他命A等，可美白潤膚，與補血養顏的黑芝麻搭配可潤澤皮膚，防止春季皮膚乾燥。

材料

牛奶…200克　　枸杞…10克
白米…100克　　冰糖…10克
熟黑芝麻…20克

做法

① 白米洗淨，浸泡30分鐘；枸杞洗淨。

② 鍋置火上，倒入清水大火燒開，加白米煮沸，轉小火煮30分鐘成稠粥。

③ 加牛奶，轉中火燒沸，再加枸杞和冰糖攪勻，撒上熟黑芝麻即可。

防止皮膚乾燥

特別提醒

大便溏洩者不宜食用。新鮮牛奶只要煮沸即可，不宜久煮，因為久煮後會損失許多營養。

春筍粥

春筍富含蛋白質、膳食纖維和多種維他命，可以清熱化痰、益氣和胃、明目。

材料

白米、糯米…各50克
春筍…30克
香菇、海米、蔥末、鹽…各適量

做法

① 白米洗淨，浸泡30分鐘；糯米洗淨，浸泡2小時；春筍、香菇洗淨，均切絲；海米用水泡軟。

② 鍋置火上，加適量清水煮沸，放入白米、糯米，用大火煮沸，轉小火再煮40分鐘，放入春筍絲、香菇絲、海米再煮5分鐘，加入蔥末、鹽調味即可。

和胃明目

特別提醒

有尿路結石者不宜食用。春筍中含有較多草酸，煮之前用水汆燙一下，即可去掉草酸。

夏季

推薦五穀

薏仁

健脾，祛暑化濕。

綠豆

清熱解毒，益氣養陰。

白扁豆

開胃增食，健脾助運。

蓮子

清心安神，益氣生津。

宜食 ✓

● 飲食宜溫、熟、軟。

● 適量吃些苦味食物，可消暑清熱、清心除煩、醒腦提神，還可增進食慾、健脾利胃。

● 常吃些富含鉀的新鮮蔬菜和水果。

● 可適當吃些蒜和醋，這樣既可調味，又能殺菌，還有增進食慾的作用。

忌食 ✗

● 忌吃黏硬不易消化的食物，也不可過食冷飲和冰淇淋，否則會損害脾臟。

夏季需要補充的關鍵營養素

維他命 C：抵抗暑熱，還能防晒。

鉀：補充體內所失鹽分。

生物鹼：消暑清熱、促進血液循環。

其他推薦食材

苦瓜、黃瓜、冬瓜、芹菜、生菜、番茄、馬鈴薯、大蔥、生薑、蒜、鴨肉、香蕉、草莓、杏、西瓜、桃子、綠茶。

西瓜皮粥

除煩解暑

西瓜皮味甘、淡，性涼，可清涼除暑，具有清涼除煩、解渴利尿的功效，非常適合盛夏食用。

材料
西瓜皮…50克
白米…100克
鹽、雞精…各適量

做法
① 西瓜皮洗淨，削去外部的硬皮，切成小塊；白米淘洗乾淨，浸泡30分鐘待用。
② 鍋置火上，倒入適量清水，放入白米煮沸，轉小火繼續熬煮至黏稠，加入西瓜皮塊煮5分鐘，用鹽、雞精調味即可。

特別提醒
脾胃寒濕者不宜食用。

薄荷粥

宜神安心

薄荷葉有清涼感的芳香，令人神清氣爽。薄荷還可以清心怡神、疏風散熱，最適宜夏季食用。

材料
薄荷…20克
白米…100克
冰糖…適量

做法
① 將鮮薄荷葉去除老、黃葉片，用清水洗淨，瀝乾備用。
② 白米淘洗乾淨，直接放鍋內，加水適量。
③ 鍋置火上，先用大火煮沸，改用小火慢煮，米爛粥稠時，倒入薄荷葉及適量冰糖，煮沸即可。

特別提醒
夏季也可以用薄荷葉泡茶飲用，陰虛血燥者不宜食用。

烏梅含有檸檬酸、蘋果酸、琥珀酸、糖類、谷甾醇、維他命C等成分，具有理想的抗菌作用，非常適合夏季食用。

烏梅粥

抗菌
解渴

材料
烏梅…20克
白米…100克
冰糖…適量

做法
① 烏梅洗淨，入鍋加水200毫升，煎煮到水減半，去渣取汁；白米淘洗乾淨。
② 烏梅汁與白米同放入鍋中，加適量清水，用大火煮沸，轉小火熬煮成稀粥，加入冰糖熬煮至溶化。

特別提醒

烏梅以個大、肉厚、柔潤、味極酸者為佳。感冒發熱、咳嗽多痰的人不宜食用。

蓮藕白米粥

清熱養胃

蓮藕有消食止瀉、開胃清熱、滋補養生的功效，白米具有補中養胃、聰耳明目的作用，二者合用可以清熱養胃。

材料
蓮藕…200克
白米…100克
白糖…適量

做法
① 蓮藕洗淨，去皮，切塊，沖洗乾淨。
② 白米淘洗乾淨，和蓮藕塊一起放入壓力鍋內。
③ 鍋內加適量清水，蓋好鍋蓋，用大火燒開，轉小火煮20分鐘。
④ 待壓力鍋自然排氣後，開蓋，加入白糖調勻。

特別提醒
產婦不宜過多食用，口鼻容易出血的人可以多吃些蓮藕。

百合花生粥

寧心助眠

百合可寧心安神、鎮靜催眠，搭配花生有養心的功效。

材料
鮮百合…50克　　蓮藕…30克
花生仁…30克　　白麵粉…3克
白米…60克

做法
① 鮮百合擇去雜質，掰開，洗淨；蓮藕洗淨，切丁；白米淘洗乾淨。
② 花生仁洗淨，放入沙鍋中，加適量清水，用大火煮沸，轉小火煨煮20分鐘，放入藕丁、百合、白米，用小火煨煮成粥，再拌入白麵粉，拌勻，煮沸。

特別提醒
剝下鮮百合的鱗片，撕去外層薄膜，洗淨後在沸水中浸泡一下，可去苦澀。胃虛寒的人不宜食用。

綠豆蓮子粥

（清熱去暑）

綠豆可以清暑熱，蓮子和百合均有養心安神的功效，三者搭配尤其適合夏季食用。

材料

白米…50克
乾百合…10克
蓮子、綠豆…各25克
冰糖…適量

做法

① 乾百合泡發洗淨；蓮子洗淨，去心；白米淘洗乾淨，浸泡30分鐘；綠豆洗淨，浸泡4小時。

② 鍋內加適量清水燒沸，放入白米、蓮子、綠豆，用大火煮沸，轉中火熬煮30分鐘，再放入百合、冰糖煮稠。

特別提醒

在煮粥前，需要浸泡好蓮子和綠豆，脾胃虛寒的人不宜食用。

絲瓜蝦皮粥

（補充體力）

蝦皮含鈣豐富，絲瓜富含維他命C，二者熬粥可彌補夏季高溫時人體因排出大量汗液而流失的營養素，還能美容護膚。

材料

白米…80克
絲瓜…100克
蝦皮…10克
薑絲、蔥末…各5克
鹽、香油…各2克
雞精、胡椒粉…各1克

做法

① 白米淘洗乾淨；絲瓜刮淨綠皮，洗淨，切絲；蝦皮挑淨雜質，洗淨。

② 鍋置火上，加適量清水燒開，下入白米、薑絲、蔥末，用大火燒開，轉小火煮至米粒八分熟，加入絲瓜絲、蝦皮煮至米粒熟爛，加鹽、雞精、胡椒粉調味，淋上香油。

特別提醒

絲瓜宜現吃現做，否則其營養成分會隨汁液流失。有過敏性疾病者不宜食用此粥。

推薦五穀

糯米

健脾胃，補中氣。

黑芝麻

滋陰潤燥。

杏仁

鎮咳平喘。

秋季

宜食 ✓

● 適量多吃些口味酸的食物，能增強肝臟功能。

● 多喝水，以保持肺與呼吸道的正常濕潤度。

● 每天喝碗熱乎乎的菜粥，不但能健脾胃，也有利於吸收更多的營養。

忌食 ✗

● 忌進補過量，以免傷脾胃。

● 忌吃性質過燥的食物，比如一些煎、炸、燒烤類的食物。

秋季需要補充的關鍵營養素

維他命 E：保護肺部不受外界侵害。

維他命 C：增強免疫力，防治呼吸道疾病。

礦物質：中和體內多餘的酸性物質。

其他推薦食材

菠菜、番茄、白蘿蔔、山藥、豬肺、烏骨雞、甲魚、鴨蛋、芝麻、花生、銀耳、燕窩、豆漿、蘋果、葡萄、柚子、山楂、梨子、香蕉、石榴、芒果、甘蔗、荸薺、柿子。

百合蓮子紅豆粥

滋陰潤肺

材料
糯米、紅豆…各70克
蓮子…50克
乾百合…15克
白糖…10克

做法
① 糯米、紅豆分別洗淨，用水浸泡4小時；蓮子洗淨，去心；乾百合洗淨，泡軟。
② 鍋置火上，加適量清水煮沸，放入紅豆煮至七分熟，再把糯米、蓮子放入鍋中，用大火煮沸，轉用小火熬40分鐘，放入百合煮至米爛粥稠，再加入白糖調味即可。

百合可潤肺止咳、安心養神，與可養心安神、滋陰潤肺的蓮子搭配食用，具有滋陰潤肺、養心安神、排毒養顏等功效。

二米銀耳粥

補肝益氣

材料
白米、小米…各50克
銀耳…20克
冰糖…10克

做法
① 白米、小米各洗淨，白米用水浸泡30分鐘；銀耳用水泡發，洗淨，撕成小朵。
② 鍋置火上，倒入適量清水大火燒開，加白米和小米煮沸，轉小火續煮10分鐘，再加入銀耳同煮至米粒軟爛。
③ 加入冰糖煮至化開，拌勻即可。

銀耳含有多種氨基酸、礦物質，能滋陰保肝、降糖降脂、延緩衰老。它和白米、小米搭配，可補中益氣、健脾和胃，提高肝臟解毒能力，彌補了秋季肝氣較弱的形勢。

特別提醒
風寒感冒者不宜食用。

百合南瓜粥

滋陰
止咳

百合能潤燥清熱、潤肺止咳，適用於緩解肺燥或肺熱咳嗽等症狀；南瓜可潤肺、益氣、止咳、止喘。二者和糯米一起煮粥食用，潤肺止咳、滋陰清熱的功效甚佳，很適宜秋季食用。

材料

南瓜…250克

糯米…100克

鮮百合…20克

冰糖…適量

做法

① 鮮百合洗淨，剝成小瓣；南瓜洗淨，去皮和籽，切塊；糯米淘洗乾淨，用攪拌機打成粉。

② 鍋置火上，倒入適量清水大火燒開，加糯米粉、南瓜塊大火煮沸，再轉小火熬煮至蓉狀，加入鮮百合和冰糖，煮至冰糖全部溶化即可。

白蘿蔔山藥粥

補肺
化痰

白蘿蔔能止咳化痰、清除肺內積熱；山藥具有健脾補肺的功效，凡有肺氣虛燥、痰喘咳嗽、皮膚乾燥等症者都適宜食用此粥。

材料

白蘿蔔…100克

山藥…50克

白米…100克

香菜末、鹽、雞精、香油…各適量

做法

① 白蘿蔔去纓、去皮，洗淨切小丁；山藥去皮，洗淨，切小丁；白米淘洗乾淨。

② 鍋置火上，加適量清水燒開，放入白米，用小火煮至八分熟，加白蘿蔔丁和山藥丁煮熟，加鹽和雞精調味，撒上香菜末，淋上香油即可。

特別提醒

山藥不宜久煮，否則會降低其營養價值。脾胃虛寒者、慢性胃炎患者不宜食用此粥。

材料

白米、南瓜…各100克
牛奶…80克
白糖…10克

做法

① 白米淘洗乾淨；南瓜去
　皮，除瓤和籽，洗淨，
　切成塊，蒸至熟軟，碾
　成泥。

② 鍋置火上，放入白米和
　適量清水煮成爛粥，加
　入南瓜泥拌勻，用白糖
　調味，再放入牛奶。

特別提醒

缺鐵性貧血者不宜食
用，食用這道粥的時候
最好不要吃羊肉。

南瓜牛奶白米粥

增強
體質

牛奶富含鈣、磷，
比例為3：1，
可讓人體充分吸收，
增加骨質密度，
強健骨骼，有效
預防骨質疏鬆症。

材料

糯米…60克
山藥…50克

做法

① 糯米淘洗乾淨，浸泡
　3～4小時；山藥去皮，
　洗淨，切塊。

② 鍋置火上，放入糯米、
　山藥塊和適量清水，用
　大火燒開，轉小火煮至
　米粒熟爛。

特別提醒

新鮮山藥切開時會有黏液，極易滑
刀傷手，只要用清水加少許醋清洗
一下就可防止滑手。

山藥糯米粥

益肺
健脾

山藥能夠健脾補肺，
增強人體免疫力，
與糯米搭配可以健脾補虛。

烏骨雞糯米粥

滋陰補身

材料
烏骨雞雞腿…1支
糯米…200克
蔥絲、鹽…各適量

做法
① 烏骨雞雞腿洗淨，切塊，瀝乾；糯米淘洗乾淨。
② 鍋置火上，加適量清水，放入烏骨雞雞腿塊，用大火煮沸，轉小火煮15分鐘，放入糯米繼續煮，煮沸後轉小火，待糯米熟時放入鹽和蔥絲調味。

特別提醒
痛風患者不宜食用。不要選用皮表面比較乾或者含水較多的雞腿。

烏骨雞可提高生理機能，具有滋陰清熱的功效，常吃可以提高身體免疫力。

冬季

▌推薦五穀

黑米

滋陰補腎，明目活血。

黑豆

補腎強身。

黃豆

補充蛋白質。

黑芝麻

補充蛋氨酸。

▌宜食 ✓

● 適量攝入富含蛋白質、碳水化合物和脂肪的食物。

● 適量吃些黑色食物，如烏骨雞、黑芝麻、木耳、紫葡萄等。

● 適量多吃些性質溫熱且能保護人體陽氣的食物，如韭菜、羊肉等。

▌忌食 ✗

● 盡量少吃冰冷的食物。

● 不宜多吃黏硬、生冷之品，以免損傷脾陽，導致腹痛、腹瀉的發生。

▌冬季需要補充的關鍵營養素

蛋氨酸：提高抗寒能力。

維他命C：提高人體對寒冷的適應能力。

維他命B2：預防冬季口角炎。

▌其他推薦食材

韭菜、辣椒、生薑、蒟蒻、蘑菇、黑木耳、海帶、紫菜、羊肉、牛肉、雞肉、雞蛋、甲魚、核桃、松子、栗子、桂圓、紅棗、荔枝、胡椒。

羊骨滋補粥

暖胃
防寒

強筋、補虛、暖胃，適合脾弱腎虛、腰膝酸軟、筋骨疼痛等人群食用，適合冬季養生。

材料

羊骨⋯1根（約200克）

白米⋯100克

紅棗⋯50克

蔥末、香菜段、鹽⋯各適量

做法

① 羊骨洗淨，截成兩半；紅棗洗淨，去核；白米洗淨，用水浸泡30分鐘。

② 鍋置火上，倒入清水、羊骨，大火煮沸後轉小火燉1小時。

③ 將羊骨中骨髓取出，留在湯中，白米、紅棗放湯中，煮沸後轉小火煮30分鐘，加鹽、蔥末、香菜段即可。

芋頭豬骨粥

補腎
理氣

含有豐富的蛋白質、脂肪、碳水化合物、鈣、磷、鐵和維他命等，有健腎補腰、和腎理氣的功效，適合冬季食用。

材料

芋頭⋯25克

豬骨⋯200克

白米⋯100克

蔥花、胡椒粉、鹽⋯各適量

做法

① 芋頭洗淨，去皮；將豬骨洗淨，剁成小塊；白米淘洗乾淨。

② 鍋置火上，放入清水和豬骨，煮成骨頭濃湯，濾去骨渣，加入白米、芋頭，再熬煮成粥，加入鹽略煮，撒上蔥花和胡椒粉即可。

特別提醒

在剝芋頭時，若芋頭的汁液沾到手上，可能會產生搔癢感，因此去皮時可戴上橡皮手套。

白果羊腎粥

健腦補腎

材料
白果…10克
羊腎…1個
羊肉、白米…各50克
蔥白…適量

做法
① 將羊腎洗淨，去腮腺脂膜，切成細丁；蔥白洗淨切成細節；羊肉洗淨切塊；白果、白米淘淨。
② 鍋置火上，倒入適量清水，把所有食材一同放入鍋內熬煮，待肉熟米爛時即可。

特別提醒
白果雖然保健效果好，但有小毒，不可服食過量，一次以不超過25粒為宜，否則可能出現發熱、嘔吐、腹痛等狀況。

白果有改善大腦功能、延緩大腦衰老、增強記憶能力的功效，與有補腎止遺功效的羊腎搭配，可以健腦補腎。

紫米雜糧粥

滋補壯陽

材料
紫米、糙米、薏仁…各30克

做法
① 紫米、薏仁、糙米分別淘洗乾淨，浸泡2小時待用。
② 鍋置火上，倒入適量清水煮沸，放入紫米、糙米、薏仁用大火煮沸後，再改用小火熬煮至黏稠即可。

特別提醒
如果時間允許，紫米可提前用冷水浸泡一夜再煮，這樣煮出來的粥會更香軟、爽滑。

紫米富含糖類、氨基酸、礦物質和多種維他命等，能滋陰補腎、明目活血，是很好的滋補品，與薏仁、糙米搭配食用，具有較強的滋補壯陽功效，很適合冬季進補。

材料

黑米…100克

紅棗…6顆

枸杞…20克

白糖…適量

特別提醒

黑米的米粒外有一層堅韌的種皮包裹，不容易煮爛，可事先浸泡一夜再煮，泡米水也可直接用於煮粥，因為很多營養素已溶於水中。脾胃功能不佳的小孩和老人不宜食用。

做法

① 先將黑米洗淨，提前一晚浸泡；紅棗、枸杞洗淨備用。

② 鍋置火上，倒入適量清水，大火煮沸，放入黑米，繼續煮沸後，加入紅棗，改用小火煮30分鐘至黏稠時，再加入枸杞繼續煮5分鐘，用白糖調味即可。

黑米紅棗粥

滋陰補血暖胃

黑米中的蛋白質和氨基酸含量豐富，還有多種維他命和鋅、鐵、硒等人體必需的微量元素，能夠滋陰補腎、補胃暖肝、明目活血。

第四章

保健養生美味粥

推薦五穀

小麥

入心經，可養心、除熱。

紅豆

可養心補血。

蓮子

入心經，可強心安神。

宜食 ✔

● 中醫認為紅色食物可以養心，苦味食物可以入心，因此養心可多吃紅色食物、苦味食物。

● 飲食以清淡為主。

● 多吃富含膳食纖維、維他命和礦物質的食物。

忌食 ✘

● 盡量減少脂肪，特別是動物性脂肪的攝入。

● 少吃高糖、高鹽食物。

關鍵營養素

膳食纖維：可降低膽固醇，防治冠心病等心血管疾病。

鈣：能穩定心緒，增加心肌營養，保護心臟健康。

鉀、鎂：保護心肌細胞，防止出現情緒不安等情況。

其他推薦食材

黃豆、燕麥、糙米、花生、杏仁、紅棗、洋蔥、香菇、苦瓜、生菜、菠菜、油菜、香蕉、蘋果。

蓮子紅豆花生粥

材料
紅豆…50克
花生仁…30克
白米…50克
蓮子…10克

做法
① 紅豆淘洗乾淨，浸泡4～6小時；花生仁挑淨雜質，洗淨，浸泡4小時；蓮子洗淨，泡軟；白米淘洗乾淨。
② 鍋置火上，加適量清水燒開，下入紅豆、花生仁、白米、蓮子，用大火燒開，轉小火煮至鍋中食材全部熟透，加紅糖煮至化開。

寧心
安神

紅豆、花生都是紅色食物，可養心，保護心血管健康，還能補血行氣，降低膽固醇，加入蓮子後，寧心安神的效果更好。

特別提醒

花生仁的紅衣有補血作用，最好不要去掉。但紅衣有促進凝血作用，血栓的高危險人群在食用時應剝去紅衣。

糯米小麥粥

安神養心

材料
糯米、小麥米⋯各30克

做法
① 小麥米、糯米分別淘洗乾淨，小麥米用水浸泡1小時，糯米用水浸泡4小時。
② 鍋置火上，放入適量清水燒開，放入小麥米，用大火煮沸，放入糯米，轉小火熬煮30分鐘，至米爛粥熟即可。

小麥米富含維他命B1、蛋白質等，能養心安神、除煩止渴，與糯米煮粥，有安神養心的功效。

山楂紅棗蓮子粥

安神養心

材料
白米⋯100克
山楂肉⋯50克
紅棗、蓮子⋯各30克

做法
① 白米洗淨，用水泡30分鐘；紅棗、蓮子各洗淨，紅棗去核，蓮子去心。
② 鍋置火上，倒入適量清水大火燒開，加白米、紅棗和蓮子燒沸，待蓮子煮熟爛後放山楂肉，熬煮成粥即可。

紅棗和蓮子都有寧心安神的作用，二者搭配食用，可令養心安神、除煩助眠的功效更明顯。

推薦五穀

白米
白米入脾、胃、肺經，
可補中益氣、滋陰潤肺。

糯米
味甘、溫，入脾、胃、肺經，
可滋陰潤肺、益氣固表。

黑芝麻
可以滋陰潤肺、養血。

宜食 ✓

- 中醫認為，白色食物入肺，具有滋陰潤肺的功效，因此可適當多吃白色食物。

- 應多進食清淡、水分多且易吸收的粥、果汁等。多吃蔬菜、水果以滋陰潤燥。

- 適當多吃魚類、肉類等高蛋白食品。

忌食 ✗

- 少吃辛辣、刺激性食物。不宜飲酒。

關鍵營養素

維他命 C：提高免疫力，提高肺部的抵抗力。

維他命 A：維持呼吸道上皮組織的正常功能。

鐵、銅：清痰去火。

其他推薦食材

梨子、橙子、橘子、蓮藕、荸薺、百合、銀耳、枇杷、蜂蜜、白蘿蔔、栗子、白果、大白菜、瘦肉。

百合味甘，性寒，入肺經，有十分突出的滋陰潤肺、化痰止咳的效果，這款粥也十分清淡利口，養肺潤肺效果極佳。

材料
鮮百合…30克
糯米…50克
蓮子…20克
白糖…適量

做法
① 糯米洗淨，浸泡1小時；
　 百合洗淨；蓮子洗淨，
　 去蓮心。
② 鍋置火上，加水適量，
　 放入糯米用大火煮沸，
　 加入百合、蓮子後轉小
　 火繼續熬煮20分鐘，粥
　 成加入白糖煮沸即可。

蓮子百合粥

滋陰潤肺

鮮藕百合枇杷粥

潤肺止咳

百合能補中潤肺、鎮靜止咳；枇杷可潤燥清肺、止咳降逆；蓮藕可潤燥。此粥適用於對呼吸道及肺的保養，對於因肺燥津傷所致的咳嗽有較好的療效。

材料

蓮藕…50克
鮮百合、枇杷…各30克
小米…100克

做法

① 將蓮藕、百合、枇杷洗淨，蓮藕去皮，切片，枇杷去皮、除核。

② 鍋置火上，加適量清水，放入藕片，加入小米同煮，待米熟時，加入百合、枇杷一起煮沸，轉小火煮至黏稠即可。

特別提醒

枇杷含糖量高，糖尿病患者不宜食用。

川貝水梨粥

養肺潤肺清熱解毒

川貝可鎮咳化痰、生津止渴；梨的潤肺效果首屈一指，可養肺潤肺、清熱解毒，蜂蜜富含果糖，可潤肺止咳，緩解咳嗽，常飲這道粥可生津潤喉。

材料

糯米…50克　　川貝…10克
水梨…1顆　　蜂蜜…適量

做法

① 雪梨洗淨，去皮除核，切片；糯米洗淨，用水浸泡4小時。

② 鍋置火上，倒入適量清水煮沸，加入糯米大火煮沸，轉小火熬煮至黏稠。

③ 放入梨片、川貝用小火熬煮5分鐘，涼至溫熱，淋上蜂蜜即可。

特別提醒

蜂蜜中的營養成分不耐熱，因此要在粥涼至溫熱後再加入。

推薦五穀

大麥

性涼，味甘，歸脾、胃經，具有極佳的補脾益胃功效。

白扁豆

性溫，味甘，歸脾、胃經，可補脾胃。

高粱

性溫，歸脾、胃經；可補益脾胃、調中。

小麥

養心益腎、調理脾胃。

健脾胃

宜食 ✔

● 飲食以清淡為主。

● 飲食以穀類和蔬果為主。

忌食 ✘

● 少吃油炸食物，因為油炸食物不易消化，還會加重消化道負擔，引起消化不良。

● 少吃生冷食物。少吃辣椒、胡椒等辛辣食物，以免刺激消化道黏膜。

關鍵營養素

維他命 B 群：預防脾胃虛弱。

膳食纖維：能夠促進消化和排便。

蛋白質：體內蛋白質流失，會造成脾胃失調。

澱粉：促進脾胃的消化吸收功能。

其他推薦食材

小米、白米、小麥、玉米、蓮子、山藥、白蘿蔔、馬鈴薯、蘋果。

材料
高粱米…100克
羊肉…50克
薑末、蔥末…各5克
鹽…3克

做法
① 高粱米淘洗乾淨，用水浸泡2小時；羊肉洗淨，切小丁，入沸水中汆燙後撈出。
② 鍋置火上，加適量水燒沸，將高粱米放入鍋中煮熟。
③ 加入羊肉丁、鹽、薑末，一起熬煮至高粱米開花，撒上蔥末即可。

高粱羊肉粥

健脾
養胃

高粱米富含碳水化合物、蛋白質、維他命B群，可以補益脾胃、調中，適合消化不良者食用。

扁豆白米粥

白扁豆富含膳食纖維、蛋白質、礦物質及多種維他命，有消暑解渴、健脾和胃、除濕止瀉等作用；白米有補脾和胃的作用。二者一起煮粥食用，有清熱解毒、調補脾胃的功效。

材料

白扁豆…75克

白米…100克

白糖…適量

做法

① 白扁豆用溫水浸泡一夜；白米淘洗乾淨，用水浸泡30分鐘。

② 鍋置火上，倒適量清水大火燒開，將白米、白扁豆放入鍋中，煮沸後轉小火熬煮至米爛粥稠，最後加入白糖拌勻即可。

調補脾胃 清熱解毒

特別提醒

白扁豆一定要煮至熟透方可食用，否則會引起中毒。

大麥牛肉粥

大麥能補陰益氣、暖胃開津，牛肉富含蛋白質，補脾胃的佳品，也是益氣、這款粥可和胃消積，適合脾胃虛弱和消化不良者食用。

材料

大麥仁…150克

熟牛肉…100克

麵粉…100克

胡椒粉、辣椒絲、蔥末、薑絲、香油、牛肉湯、鹽、醋…各適量

做法

① 熟牛肉切成小塊；大麥仁去雜質，洗淨；麵粉加水調成麵粉糊。

② 鍋置火上，加牛肉湯和水，再放大麥仁，煮開後，把麵粉糊倒入鍋中，燒沸成麥仁麵糊。

③ 另一鍋中放熟牛肉塊，加鹽、醋，放入麥仁麵糊，再加入胡椒粉、辣椒絲、蔥末、薑絲、香油，將其燒沸。

防治 脾胃虛弱 消化不良

特別提醒

牛肉富含蛋白質，腎病患者不宜多食，否則會加重症狀。

補腎

推薦五穀

黑米

黑米可滑澀補精、滋陰補腎，對腰腿酸軟等症有很好效果。

黑豆

黑色食物入腎，黑豆可補腎強身。

黑芝麻

芝麻可補肝腎、潤五臟，《本草經疏》中記載其：「氣味和平，不寒不熱，補肝腎之佳穀也。」

宜食 ✓

- 飲食宜清淡少鹽。
- 適量多喝些水，多吃利尿食物，促進排尿和體內毒素的排出。

忌食 ✗

- 少吃高蛋白食物，蛋白質在代謝後會加重腎臟的負擔。
- 不宜暴飲暴食。少喝或不喝碳酸飲料。
- 忌菸酒和辛辣、酸冷、刺激性食物。

關鍵營養素

精氨酸：有助於補腎益精。

維他命：調節體內的酸鹼平衡，調節腎功能。

鋅：維持生殖系統健康。

其他推薦食材

枸杞、山藥、芡實、蓮子、白果、豬腰、蝦、牡蠣、韭菜。

黑豆紫米粥

黑豆有固腎益精、增強體力、調養腎虛及緩解疲勞的作用；紫米據《本草綱目》記載有滋陰補腎、明目活血等作用。二者搭配食用，有良好的健腎、益氣、補虛功效。

健腎補虛

材料
紫米…75克
黑豆…50克
白糖…5克

做法
① 黑豆、紫米洗淨，浸泡4小時。
② 鍋置火上，加適量清水，用大火燒開，加紫米、黑豆煮沸，轉小火煮1小時至熟，撒上白糖拌勻。

豬腰白米粥

中醫認為，豬腰味甘鹹、性平，入腎經。這款粥可健腎補腰，治療腎虛腰痛等症。

健腎補腰

材料
白米…100克
新鮮豬腰…50克
綠豆…20克
鹽、雞精…各適量

做法
① 新鮮豬腰洗淨，切片，汆燙；白米、綠豆淘洗乾淨，綠豆用水浸泡4小時，白米用水浸泡30分鐘。
② 鍋置火上，倒入適量清水大火燒開，放入白米、綠豆一起煮沸，再改用小火慢熬。
③ 煮至粥將成時，將豬腰放入鍋中煮熟，加鹽、雞精調味即可。

特別提醒
豬腰中膽固醇含量高，血脂偏高者、高膽固醇者少食，處理時，一定要將筋膜去掉，不然腥臊味太重。

材料
白米…100克
蝦仁…50克
韭菜…30克
雞湯、鹽、雞精…各適量

做法
① 韭菜洗淨，切小段；蝦仁
　去掉蝦線，洗淨，汆燙，切
　碎；白米淘洗乾淨。
② 鍋置火上，倒入雞湯和適
　量清水燒開，加白米大火煮
　沸，轉小火熬煮至黏稠。
③ 把蝦仁放入粥中，略煮片刻
　後倒入韭菜段，再加鹽、雞
　精調味即可。

韭菜蝦仁粥

補腎
壯陽

《本草綱目》記載，
韭菜可補肝、腎，暖腰膝，
有壯陽固精的功效，
可防治腎陽虛弱、
腰膝酸冷、陽痿早洩等症。
中醫認為，蝦味甘性溫，
可補腎壯陽。
現代營養學證實，
蝦仁富含蛋白質、鋅，
可補陽氣、強筋骨。

推薦五穀

黃豆

含有豐富的蛋白質、不飽和脂肪酸，對肝臟修復非常有益。

燕麥

性溫，味甘，歸肝經，可保護肝臟，同時還富含不飽和脂肪酸，可減少體內膽固醇。

護肝

宜食 ✓

- 飲食宜粗細搭配，多吃蔬菜、水果。
- 多吃綠色食物。少飲酒，少吃辛辣刺激性食物。

忌食 ✗

- 不要大量飲用碳酸飲料，會干擾肝臟的正常工作。
- 少吃肥肉、動物油和油炸食品等富含脂肪的食物，避免肝臟的負擔增加。

關鍵營養素

蛋白質：可保護肝組織並促進已損害的肝細胞的再生。

不飽和脂肪酸：可降低體內低密度膽固醇的含量，阻止或消除肝細胞脂肪變性。

維他命：保證維他命B群、維他命A、維他命C、維他命E的組合，能有助於肝臟解毒，阻止和抑制肝臟中癌細胞的增生。

其他推薦食材

小米、紅豆、芝麻、豌豆、綠茶、蘑菇、冬瓜、黃瓜、黑木耳、芹菜、韭菜、南瓜、海帶、動物肝臟、瘦肉、牛奶、魚類、雞肉等。

材料
燕麥片…100克
白米…50克
鮮牛奶…250毫升
白糖…適量

做法
① 白米淘洗乾淨，浸泡30分鐘。
② 鍋內倒入適量清水，放入白米，大火煮沸後轉小火煮約30分鐘至粥稠，加入鮮牛奶，以中火煮沸，再加入燕麥片攪拌，熟後用白糖調味即可。

牛奶麥片粥

養心安神

燕麥富含維他命E和不飽和脂肪酸，維他命E具有抗肝壞死的作用，不飽和脂肪酸可阻止或消除肝細胞脂肪變性；牛奶富含鈣、蛋白質和多種維他命，養肝效果明顯。

黃豆粥

黃豆富含優質蛋白質，蛋白質可保護肝細胞，促進已損壞的肝細胞復原、再生和恢復。

阻止肝細胞脂肪變性

材料

黃豆…10克
白米…100克
鹽…適量

做法

① 黃豆洗淨，浸泡12小時；白米淘洗乾淨，浸泡30分鐘。

② 鍋置火上，加適量清水，將黃豆和白米一同煮沸，轉小火繼續熬煮至米爛粥稠，加入適量鹽調味。

雜米香菇粥

提供人體豐富蛋白質與鈣等成分，尤其是香菇的香菇多糖成分，可刺激身體產生干擾素，有抗癌抗病毒、保護肝臟的作用，經常飲酒者尤其適合多吃香菇，可避免酒精對肝臟的損害。

抗病毒保護肝臟

材料

小米…50克
白米、糯米、燕麥片…各適量
鮮香菇…20克
蔥末、鹽…各適量

做法

① 白米洗淨，浸泡30分鐘；小米洗淨；糯米洗淨，浸泡2小時；香菇洗淨後，切丁、待用。

② 鍋置火上，放入適量水，大火煮沸後放入白米、小米和糯米小火煮40分鐘，加入燕麥片繼續煮15分鐘，最後放入香菇煮至熟，加蔥末、鹽拌勻即可。

推薦五穀

薏仁

可促進體內血液循環、水分代謝，從而消腫祛濕。

紅豆

可通腸利便、祛濕清熱。

綠豆

可清熱解毒、去濕利尿。

高粱

可健脾益腎、滲濕止痢。

祛濕

宜食 ✓

● 一日三餐要定點定時，不可過飽，八分飽即可。

● 適當多吃蔬菜、水果。

忌食 ✗

● 少食甘溫滋膩及燒烤、烹炸的食物，如辣椒、牛肉、羊肉、酒、韭菜、生薑、胡椒、花椒等。

● 少吃高熱量、高脂肪、高膽固醇的食物，如甜食、肥肉、動物內臟等。

關鍵營養素

蛋白質：可補益人體、利水祛濕。

膳食纖維：可以祛濕、健脾、助消化。

鉀：有利尿作用，可促進排尿。

其他推薦食材

玉米、燕麥、糙米、蠶豆、冬瓜、蓮藕、薺菜、萵苣、紅蘿蔔、茯苓、鯽魚。

紅豆和薏仁是十分經典的搭配，二者都具有利水祛濕、健脾消腫的功效，搭配食用效果更明顯。

紅豆薏仁粥

利水祛濕
健脾消腫

材料

紅豆、薏仁、白米…各50克

冰糖…適量

做法

① 將紅豆、白米、薏仁分別淘洗乾淨；紅豆用水浸泡3小時；薏仁和白米用水浸泡1小時。

② 鍋置火上，放入紅豆，加入適量清水，大火煮開後改小火。

③ 煮至紅豆裂開後，將薏仁、白米放入鍋中，大火煮開後，改小火煮1小時，加入冰糖調味即可。

冬瓜薏仁粥

利水消腫
健脾去濕

材料
鮮冬瓜…100克
薏仁、糯米…各30克

做法
① 冬瓜去籽、去皮，洗淨並切小丁；薏仁和糯米分別淘洗乾淨，用水浸泡4小時。
② 鍋置火上，倒入適量清水燒開，放入薏仁、糯米大火煮沸，用小火煮25分鐘，加冬瓜丁煮至熟即可。

特別提醒

冬瓜性寒涼，脾胃虛弱、腎臟虛寒、陽虛肢冷者不宜食用。

冬瓜能清熱化痰、除煩止渴、去濕解暑、利便消腫，薏仁有利水消腫、健脾去濕等功效，二者搭配煮粥，可利水消腫，尤其適合濕熱體質者、水腫者食用。

人參茯苓二米粥

利水
滲濕

材料
人參…3克
茯苓…15克
山藥…30克
小米、白米…各15克

做法
① 人參、茯苓、山藥洗淨，焙乾，研成細粉；小米、白米淘洗乾淨。
② 鍋置火上，加適量清水，放入小米、白米，加入人參粉、茯苓粉、山藥粉，用小火燉至米爛成粥。

人參可益氣固表、散風祛濕；茯苓味甘、性平，歸心、脾、腎經，可利水滲濕、健脾補氣，這款粥適合脾濕者食用。

推薦五穀

薏仁

中醫認為薏仁性微寒，可以
滋補脾胃，清除體內濕熱，
改善胃火熾盛的症狀。

大麥

中醫認為，大麥性涼，
可利濕瀉火，適宜於各
種實火症候。

綠豆

中醫認為綠豆性涼，歸心、胃經，適用於各種實火症
候，清胃火、去腸熱的效果顯著。

清熱去火

宜食 ✓

- 多吃豆類和粗糧。

- 多吃粥、果汁，可清熱降火。

- 常吃水果和蔬菜，可利尿去火。

忌食 ✗

- 少吃辛辣和過於油膩的食物。

- 少吃荔枝、榴槤、龍眼等熱性水果。少飲酒。

關鍵營養素

膳食纖維：可促進腸道蠕動，排出毒素，
減輕由上火引起的便祕、長痘等症狀。

維他命 E：能滋潤皮膚，維持皮膚水分，
緩和因上火產生的皮膚乾燥。

維他命 B 群：能夠緩解口乾舌燥、咽喉腫
痛、食慾不佳等實火過盛引發的症狀。

其他推薦食材

玉米、黑豆、黃豆、苦
瓜、黃瓜、絲瓜、冬瓜、荸
薺、蘋果、梨子、西瓜。

薏仁山藥粥

清除體內濕熱

材料
薏仁、白米…各50克
山藥…30克

做法
① 將薏仁和白米分別淘洗乾淨，薏仁浸泡2小時，白米浸泡30分鐘；山藥洗淨，去皮，切成丁。
② 鍋置火上，倒入適量清水，放入薏仁煮軟，再加入山藥丁、白米，轉小火熬煮至山藥熟、米粒熟爛即可。

特別提醒
山藥切好後如果長時間暴露在空氣中會氧化變黑，浸泡在清水中就可避免這種情況。

薏仁可清除體內濕熱，改善胃火熾盛的症狀，山藥富含黏液蛋白，可清心安神，緩解上火症狀引起的煩躁不安。

大麥糯米粥

大麥性涼，可利濕、瀉火，與營養豐富的糯米煮粥，可健脾益氣、和胃寬腸，潤肺生津，對上火引起的口腔潰瘍等症有一定療效。

利濕瀉火

材料
大麥仁⋯70克
糯米⋯30克
紅糖⋯適量

做法
① 大麥仁、糯米分別淘洗乾淨，浸泡2小時。
② 鍋置火上，加適量清水，放入大麥仁，用大火煮至五分熟後，放入糯米，待煮沸後，轉小火熬到米爛粥稠，放入紅糖調味。

火腿白菜粥

白菜性微寒，有解熱去火、通利腸胃、利尿通便、解毒的作用。現代藥理研究，白菜富含膳食纖維和維他命，可潤腸排毒。

清熱去火排毒

材料
白米⋯100克
小白菜、火腿⋯各20克
鹽、雞精⋯各適量

做法
① 白米洗淨；小白菜洗淨，切段；火腿切丁。
② 鍋置火上，倒入適量清水煮沸，放入白米煮沸，轉小火熬煮30分鐘，放入火腿、小白菜繼續煮5分鐘，加入鹽、雞精調味即可。

特別提醒
白菜性寒，氣虛胃寒者、腹瀉者不宜多食。

推薦五穀

白米
可補中益氣、健脾和胃。

糯米
味甘温,可補益氣血。

黑豆
可助腎生髓化血,腎虛、血虛者多吃有益。

益氣養血

宜食 ✓

● 飲食宜細軟。

● 宜食富含優質蛋白質的食物,如魚類、豆類等。常食用含鐵豐富的食物,如肉類、動物內臟等。

忌食 ✗

● 不要經常大量食用會耗氣的食物,如生蘿蔔、空心菜、山楂、胡椒等。

● 忌食生冷寒涼的食物。忌食油膩、辛辣的食物。

關鍵營養素

蛋白質:構成血紅蛋白,可補血活血。

鐵:構成血紅素,補血。

維他命 C:能促進鐵的吸收。

其他推薦食材

牛肉、桂圓、阿膠、當歸、紅棗、紅蘿蔔、山藥、栗子、菠菜、紅薯、馬鈴薯、雞肉、白扁豆、豌豆等。

阿膠粥

養血補血

材料
糯米…100克
阿膠…30克

做法
① 阿膠擦洗乾淨，搗碎；糯米
淘洗乾淨，用水浸泡4小時。
② 鍋置火上，倒入適量清水燒
開，放入糯米大火煮沸，再轉
小火熬煮成粥，放入阿膠碎拌
勻即可。

特別提醒
阿膠性滋膩，有礙消化，故脾胃虛弱、
消化不良者慎食此粥。

阿膠富含鈣、鐵等，
可滋陰補血，
適合氣血不足的女性
用來養血補血、調養身體。

榨菜肉絲粥

補血補虛

材料
白米…100克
豬瘦肉…50克
榨菜…20克
芹菜…適量
高湯、薑末、蔥末、
鹽、味精、太白粉水、
植物油…各適量

做法
① 豬瘦肉洗淨，切絲，用少量
太白粉水抓勻；榨菜洗淨，切
絲；芹菜洗淨，切段；白米淘
洗乾淨。
② 鍋置火上，倒入適量清水煮
沸，放入白米大火煮沸，轉小
火熬煮至粥熟。
③ 取炒鍋，放植物油燒熱，爆
香蔥末、薑末和榨菜，加入高
湯、瘦肉絲、鹽、味精和芹菜
段，熟後倒入米粥中即可。

豬瘦肉富含蛋白質、
鐵等物質，
所含的鐵為血紅素鐵，
容易被人體吸收利用，
與榨菜和白米同煮為粥，
不僅能增強食慾，
還能補血補虛。

桂圓紅棗粥

材料
糯米…100克
桂圓肉…20克
紅棗…15克
紅糖…10克

做法
① 糯米淘洗乾淨，用水浸泡4小時；桂圓肉去雜質，洗淨；紅棗洗淨，去核。
② 鍋置火上，倒入適量清水燒開，加糯米、桂圓肉、紅棗，大火煮沸，再用小火熬煮成粥，加入紅糖攪勻即可。

改善
血液循環
預防貧血

桂圓可補血益心，紅棗富含維他命和鐵，可補氣養血、滋補安神，紅糖性溫、味甘，具有益氣補血、健脾暖胃、緩中止痛、活血化瘀的作用，三者與糯米一起煮粥食用，可改善人體血液循環，預防貧血和早衰。

推薦五穀

燕麥

富含膳食纖維,能調節腸道菌群,還可促進胃腸蠕動,防止便祕,發揮很好的排毒作用。

綠豆

含較多膳食纖維,能促進排便,對緩解因上火引起的便祕症狀有較好的療效。

糙米

含有豐富的膳食纖維,能潤腸通便,促進毒素排出,從而有效地防止身體吸收有害物質,發揮防癌的作用。

潤腸排毒

宜食 ✓

● 多食蔬菜、水果及富含膳食纖維的食物。

忌食 ✗

● 忌食高蛋白、高膽固醇食物,如動物腦、動物肝腎等。

● 少食辛辣刺激性食物,如辣椒、大蒜、胡椒等。

關鍵營養素

膳食纖維:可以通過細菌發酵,使腸道內有益菌增加,還能促進腸道蠕動,幫助排出毒素。

其他推薦食材

黑木耳、海帶、豬血、蘋果、白菜、白蘿蔔、芹菜、韭菜、紅蘿蔔、紅薯。

燕麥富含膳食纖維、維他命E等物質，能促進腸胃蠕動，通便排毒，還能防治便祕。

燕麥粥

材料
燕麥仁…50克
白米…50克

做法
① 燕麥仁、白米淘洗乾淨，用清水浸泡30分鐘。
② 鍋置火上，倒入適量清水煮沸，放入白米大火煮沸，轉小火熬煮至粥熟。
③ 鍋置火上，倒入適量清水煮沸，加入燕麥仁和白米，用大火煮沸，轉小火繼續熬煮20分鐘即可。

綠豆富含蛋白質、膳食纖維及多種維他命，可解毒、抗菌、降脂；菊花富含糖類、脂肪及多種維他命，有平肝明目、解毒消腫的功效。二者和小米一起煮粥，可滑潤腸道，促進毒素排出。

菊花綠豆粥

材料
小米…80克　　菊花…10克
綠豆…50克　　白糖…10克

做法
① 綠豆洗淨，浸泡4小時；小米淘洗乾淨；菊花洗淨。
② 鍋置火上，倒入適量清水大火燒開，加綠豆煮沸15分鐘，加入洗淨的小米，先用大火煮5分鐘左右，再改小火煮約20分鐘。
③ 加入菊花繼續煮約5分鐘，加白糖調味即可。

特別提醒
此粥性微寒，脾胃虛寒者不宜多食。

海帶冬瓜粥

材料

冬瓜…100克
海帶、白米…各50克
蔥末、鹽…各適量

做法

① 冬瓜洗淨，去皮去瓤，切塊；海帶泡軟洗淨，切絲；白米淘洗乾淨，用水浸泡30分鐘。

② 鍋置火上，倒入適量清水燒開，放入白米，大火煮沸後加入冬瓜塊、海帶絲，繼續熬煮至米爛粥稠，出鍋前撒上蔥末，放鹽調味即可。

排出有害物質和致癌物

冬瓜富含維他命C和膳食纖維，可利尿消腫，刺激腸道蠕動，促使致癌物排出體外，防癌抗癌。

海帶的碘被人體吸收後，能促進有害物質、病變物和炎症滲出物的排出，同時海帶中的膳食纖維能吸收體內的膽固醇，並排出體外，可防治高血壓、動脈硬化等症。

山藥糙米粥

材料

山藥…100克
糙米…80克
枸杞…5克

做法

① 糙米淘洗乾淨，浸泡2小時；山藥洗淨，去皮，切丁；枸杞洗淨。

② 鍋置火上，加適量清水燒沸，放入糙米，用大火煮沸，轉小火熬煮至七分熟，放入山藥丁，煮軟爛後，加入枸杞。

潤腸排毒防便祕

糙米富含膳食纖維，能增強飽腹感，幫助排毒，預防便祕，還能促進脂肪分解；山藥含有大量的黏液蛋白，口感滑潤，和糙米一起煮粥食用，潤腸效果好。

木耳粥

清胃滌腸

黑木耳中的水溶性膳食纖維可吸附人體消化系統內的灰塵、沙子、金屬屑等異物，將其排出體外，從而發揮清胃滌腸的作用。

材料

乾黑木耳…20克
白米…100克
紅棗…20克
白糖…適量

做法

① 黑木耳用溫水浸泡1小時後洗淨，撕成小片；紅棗洗淨，去核；白米淘洗乾淨。

② 將紅棗、黑木耳片和白米一同放入鍋中熬煮，待粥將熟時，放入白糖同煮片刻。

特別提醒

在溫水中放入黑木耳，再加入兩勺麵粉進行攪拌，用這種方法可以去除黑木耳上細小的雜質和殘留的沙粒。

燕麥南瓜白米粥

消除體內細菌毒素和重金屬物質

南瓜含有水溶性膳食纖維果膠，有很好的吸附性，能吸附並消除體內細菌毒素和重金屬中的鉛、汞等有害物質，發揮排毒作用，與燕麥煮粥，排毒效果更佳。

材料

燕麥仁、白米…各50克
南瓜…100克

做法

① 燕麥仁、白米各淘洗乾淨，分別浸泡30分鐘；南瓜洗淨，去皮和瓤，切小塊。

② 鍋置火上，倒入適量清水燒沸，加入燕麥仁先煮15分鐘，再放入白米，煮沸後，放入南瓜塊煮熟，轉小火繼續熬煮20分鐘即可。

推薦五穀

薏仁

富含維他命 E 等成分，可抗氧化，美白肌膚。

玉米

富含維他命 E、不飽和脂肪酸，可美容抗衰。

黑芝麻

富含維他命 E、不飽和脂肪酸，可延緩衰老。

核桃

富含維他命 E 和維他命 B 群，可防止細胞老化，延緩衰老。

宜食 ✓

● 常吃富含胡蘿蔔素、維他命 E 和茄紅素的抗氧化食物。

● 適當補充富含膠原蛋白的食物，如豬蹄、海參等。

● 適當補充大豆、核桃、深海魚等富含不飽和脂肪酸的食物。

忌食 ✗

● 少吃辛辣、煎炸、刺激性食物以及加工食品。

關鍵營養素

維他命 C：抑制色素沉澱，美白肌膚。

維他命 E：具有抗氧化功效，避免細胞和組織因氧化而老化。

不飽和脂肪酸：可有效抗自由基，抗老化。

其他推薦食材

黃豆、紅豆、玉米、燕麥、花生、紅棗、豬蹄、香菇、銀耳、櫻桃、蘋果。

小米紅棗粥

補氣養血
美容抗衰

俗話說「一日三棗，終身不老」，紅棗含有維他命C和鐵，可補氣養血、美容抗衰；紅豆富含膳食纖維，可排毒養顏。

紅棗、紅豆搭配小米煮粥，可養血養心，由內而外抵抗衰老。

材料

小米…100克

紅棗…30克

紅豆…15克

紅糖…10克

做法

① 紅豆洗淨，用水浸泡4小時；小米淘洗乾淨；紅棗洗淨。

② 鍋置火上，倒入適量清水燒開，加紅豆煮至半熟，再放入洗淨的小米、紅棗，煮至爛熟成粥，用紅糖調味即可。

芝麻桃仁粥

抗氧化
美容美顏

黑芝麻和核桃都富含抗氧化物維他命E，可阻止細胞遭受過氧化脂質損傷，還能減少體內脂褐質的積累，這些都有延緩衰老的效果。

同時，黑芝麻和核桃都富含油脂，可潤腸排毒、美容美顏。

材料

白米…100克

黑芝麻…10克

核桃仁…30克

冰糖…適量

做法

① 白米淘洗乾淨，浸泡30分鐘。

② 鍋置火上，加適量清水燒開，放入白米、核桃仁煮沸，轉小火熬煮30分鐘，加黑芝麻和冰糖煮開。

薏仁牛奶粥

**美白肌膚
消除細紋**

薏仁中富含蛋白質和維他命E，可以分解酵素，軟化皮膚角質，使皮膚光滑，減少皺紋，消除色素斑點，使肌膚白皙；牛奶能改善皮膚細胞活性，有美白肌膚、延緩皮膚衰老、增強皮膚張力、消除小皺紋等功效。二者搭配食用，美白效果更好。

材料
薏仁…100克
牛奶…250克
冰糖…適量

做法
① 薏仁淘洗乾淨，用水泡4小時。
② 薏仁放入鍋中，加入適量清水煮開，轉小火煮至軟爛，盛出，控水，將薏仁倒入牛奶中用小火煮開，加入冰糖調味即可。

花生豬蹄粥

**使皮膚
細膩
抗衰老**

豬蹄富含膠原蛋白，可促進雌性激素分泌，使皮膚柔軟細膩，而膠原蛋白缺乏是人體衰老的一個主因；花生有「長生果」之稱，可抗人體衰老。二者和白米一起煮粥食用，有嫩膚、抗衰的效果。

材料
白米…100克
花生仁…30克
豬蹄…1只
料酒…10克
蔥末、鹽、雞精…各適量

做法
① 豬蹄洗淨，剁成小塊，放入鍋中汆燙去血水；白米淘洗乾淨，用水浸泡30分鐘；花生仁洗淨，用水浸泡4小時。
② 鍋內倒清水大火煮沸，放豬蹄、花生仁、料酒，煮約1.5小時，放白米煮爛，加入鹽、雞精、蔥末即可。

特別提醒
豬蹄脂肪含量較高，肝病患者、動脈硬化患者不宜食用。

玉米富含不飽和脂肪酸，尤其是亞油酸的含量較高，連同玉米胚芽中的維他命E協同作用，具有恢復青春、延緩衰老的功能。

玉米粥

恢復青春
延緩衰老

材料
白米…100克
嫩玉米粒…50克

做法
① 白米淘洗乾淨，加入嫩玉米粒拌勻，放入鍋中加水浸泡30分鐘，撈出。
② 鍋置火上，倒入適量清水大火燒開，放入白米和嫩玉米粒煮沸後改小火繼續熬煮，煮至米粒軟爛即可。

櫻桃含鐵、維他命C，能使皮膚紅潤嫩白、去除皺紋；銀耳富含植物性膠質成分，常食可使皮膚嫩白光潤、消除斑點，二者和白米一起煮粥食用，具有潤膚、去斑功效。

櫻桃銀耳粥

潤膚
去斑

材料
白米…100克
水發銀耳…50克
櫻桃…40克
糖桂花、冰糖…各5克

做法
① 白米淘洗乾淨，浸泡30分鐘；櫻桃洗淨；水發銀耳洗淨，撕成小朵。
② 鍋置火上，倒入清水大火煮沸，加白米煮開，轉小火熬煮15分鐘。
③ 加入銀耳煮15分鐘後，再加入櫻桃、冰糖、糖桂花，煮沸即可。

推薦五穀

糙米

富含粗纖維，可增加人的飽腹感，減少進食量。

薏仁

屬於低脂、低熱量、高膳食纖維食物，可消脂減肥。

紅豆

富含維他命 B 群，可利尿消腫，瘦腰腹。

消脂減肥

宜食 ✓

● 飲食宜清淡。

● 常吃一些飽腹感強、熱量低的食物，如蔬菜。

忌食 ✗

● 限制每天攝入食物的總熱量，確保各種營養素的供給充足。

● 少吃油膩、油炸食物。

● 少喝碳酸飲料。少吃高脂肪食物，如肥肉、動物肝臟等。

關鍵營養素

膳食纖維：可以增強飽腹感，減少進食量。

維他命 C：幫助減肥瘦身。

維他命 B 群：促進糖類、脂肪、蛋白質的代謝，具有燃燒脂肪，避免脂肪堆積的作用。

其他推薦食材

黃瓜、冬瓜、玉米、燕麥、山藥、紅薯、南瓜、紅蘿蔔、海帶、蒟蒻、芹菜、白菜、蘋果、莧菜。

蘋果和燕麥片均富含膳食纖維、維他命和礦物質，可潤腸排毒、減肥去脂，還能解除便祕之憂。

蘋果麥片粥

潤腸排毒
減肥去脂

材料
燕麥片、蘋果…各100克
蜂蜜…10克

做法
① 蘋果洗淨，去蒂，除核，切丁。
② 鍋置火上，加適量清水，放入燕麥片，用大火煮沸，放入蘋果丁，轉小火熬煮至黏稠，加蜂蜜調味。

冬瓜中富含丙醇二酸，能有效控制體內的糖類轉化為脂肪，防止體內脂肪堆積，還能把肥胖多餘的脂肪消耗掉，有良好的減肥效果。

鮮蝦冬瓜粥

防止體內
脂肪堆積

材料
冬瓜…150克
淨蝦仁、白米…各50克
蘑菇…20克
雞湯、鹽、胡椒粉…各適量

做法
① 冬瓜洗淨，去瓤和籽，保留瓜皮，切丁，汆透；白米淘洗乾淨，用水浸泡30分鐘；蘑菇洗淨，切粒。
② 蝦仁放五分熱的油鍋中炸熟撈出。
③ 鍋內加雞湯和適量清水燒沸，放白米，燒開後轉小火熬煮10分鐘，加冬瓜丁、蘑菇粒煮至粥熟，加蝦仁、胡椒粉和鹽即可。

薏仁燕麥紅豆粥

薏仁與紅豆搭配有很好的利水減肥效果，可讓身體變得更加輕盈；燕麥含有豐富的水溶性膳食纖維，能夠刺激腸胃蠕動，大量吸收人體內的膽固醇並排出體外，消脂減肥。

利水減肥

材料

薏仁、燕麥…各30克
紅豆…20克
白米…10克
冰糖…適量

做法

① 薏仁、燕麥、紅豆、白米分別淘洗乾淨，薏仁、紅豆分別浸泡4小時，白米浸泡30分鐘。

② 鍋置火上，加適量清水燒沸，放入薏仁、紅豆，用大火煮沸20分鐘，再加入白米熬煮，粥將熟時放入燕麥，煮熟後加入冰糖，用小火熬煮至其化開。

黃瓜糙米粥

黃瓜中的丙醇二酸能抑制糖類物質轉化為脂肪，常吃可獲得良好的減肥效果，與富含膳食纖維的糙米煮粥，效果更好。

抑制糖類物質轉化為脂肪

材料

糙米…60克
黃瓜…100克
白米…20克
蔥末、鹽、雞精、香油…各適量

做法

① 糙米淘洗乾淨，浸泡3～4小時；黃瓜洗淨，去蒂，切小丁；白米淘洗乾淨。

② 鍋置火上，加適量清水燒開，下入糙米和白米，燒沸後轉小火煮成米粒熟爛的稠粥，加黃瓜丁略煮，加鹽和雞精調味，淋上香油，撒上蔥末。

紅豆綠豆瘦身粥

減少
多餘脂肪

豆類富含大量膳食纖維，可以增強飽腹感，從而達到少食飽腹的效果；山楂可健胃益氣，減少多餘脂肪，尤其可以顯著降低血清膽固醇及三酸甘油酯，達到降脂目的。

材料

紅豆、綠豆⋯各30克
白米⋯100克
山楂⋯30克
紅棗⋯10顆

做法

① 紅豆、綠豆分別淘洗乾淨，浸泡4小時；白米淘洗乾淨，浸泡30分鐘；山楂、紅棗分別洗淨。

② 鍋置火上，加適量清水煮沸，放入紅豆煮15分鐘，倒入白米、綠豆、紅棗煮至七分熟，加山楂，煮至豆爛即可。

紅薯玉米粥

潤膚
去斑

紅薯和玉米渣，脂肪極少，但能為人體提供豐富的膳食纖維，有飽腹感，非常適合減肥時食用。

材料

玉米⋯200克
紅薯⋯300克
枸杞⋯適量

做法

① 紅薯洗淨，去皮，再次洗淨後切大塊；玉米淘洗乾淨，浸泡6小時。

② 鍋置火上，放入適量清水，加入玉米，大火煮沸後放入紅薯塊、枸杞，轉小火熬煮至粥成即可。

推薦五穀

綠豆

能幫助排泄體內毒物、加速新陳代謝，可有效抵抗各種輻射。

黑芝麻

富含硒，可抗氧化、抗輻射。

抗輻射

宜食 ✓

● 經常喝綠茶，可以幫助抵禦電磁波。

● 適量多吃些富含蛋白質的食物，提高對輻射的敏感度。

● 經常吃些海帶、紫菜、裙帶菜等藻類，可減輕輻射對人體免疫功能的損害，抑制免疫細胞的凋亡。

關鍵營養素

維他命 B 群：有利於調節人體電磁場紊亂狀態，增強身體抵抗輻射的能力。

胡蘿蔔素：具有抗氧化性，能使人體少受輻射和超量紫外線照射的損害。

硒：可抗氧化，通過阻斷身體過氧化反應而發揮抗輻射的作用。

其他推薦食材

菊花、綠茶、海帶、香菇、油菜、紅蘿蔔、番茄、高麗菜、蘆筍、香蕉、蘋果、大蒜等。

材料
白米…150克
綠豆…50克
紅棗…25克

做法
① 白米淘洗乾淨，浸泡30分
鐘；綠豆洗淨，浸泡3小
時；紅棗洗淨，去核。
② 鍋中加適量清水，先放綠
豆煮軟，再加入白米煮成
粥，最後放入紅棗煮至黏
稠即可。

特別提醒
紅棗皮含有豐富的營養
成分，煮粥時最好連皮
一起煮。

紅棗綠豆白米粥

緩解
輻射不適

綠豆有解毒功效，可以緩解電磁輻射給人體帶來的不適。

銀耳菊花粥

滋陰潤肺

菊花可清肝明目，抵抗電腦輻射，保護眼睛。

材料
糯米…100克
銀耳、菊花…各10克
蜂蜜…適量

做法
① 銀耳泡發後洗淨，撕成小朵；菊花用水泡淨；糯米洗淨，浸泡4小時。
② 取沙鍋，加適量清水，用中火燒沸，下糯米，用小火煲至糯米八分熟。
③ 放入銀耳和菊花，用小火煲15分鐘，稍涼後再調入蜂蜜即可。

海帶豆香粥

提高抗輻射能力

富含多種維他命和礦物質，可提高身體對抗輻射的能力，緩解外界輻射給人體帶來的種種不適。

材料
白米…80克
海帶絲…50克
黃豆…40克
蔥末、雞精、鹽…各適量

做法
① 黃豆洗淨，用水浸泡6小時；白米淘洗乾淨，用水浸泡30分鐘；海帶絲洗淨。
② 鍋置火上，加入清水燒開，再放入白米和黃豆，大火煮沸後改小火慢慢熬煮至七分熟，放入海帶絲煮約10分鐘，加鹽、雞精調味，最後撒入蔥末即可。

特別提醒
海帶中碘的含量高，甲狀腺機能亢進患者不宜吃海帶，否則會加重病情。

推薦五穀

黃豆
富含蛋白質，可大大
提高身體免疫力。

白米
營養全面，是補充營養的
基礎食物。

宜食 ✓

● 多吃富含蛋白質的食物，如瘦肉、雞肉、鴨肉、魚肉、奶類等。

● 多喝水、多吃蔬菜水果。

忌食 ✗

● 禁止過量飲酒。

關鍵營養素

蛋白質：身體抵抗力的強弱和抗體的多少有關，而抗體的生成受蛋白質營養狀況影響。

鋅：人體內缺鋅時，免疫力降低，容易受病毒細菌侵害。

維他命 E：能提高身體免疫力，預防感染性疾病。

其他推薦食材

香菇、黑芝麻、杏仁、香菇、蝦、豬肉、雞肉、牛肉、綠花椰菜、紅薯、白蘿蔔、紅蘿蔔、山藥、菠菜、高麗菜、生菜、黑芝麻、榛子、葡萄柚。

五色豆粥

提高身體抵抗疾病的能力

豆類含有豐富的優質蛋白，尤其是黃豆，可促進體內產生更多的抗體，從而提高身體抵抗疾病的能力。此外，豆類還含有多種人體必需氨基酸，經常食用可以提高身體免疫力。

材料
黑豆、黃豆、綠豆、
紅豆、白豆…各30克
白米稀粥…適量

做法
① 五種豆粒洗淨，分別用器皿裝盛，浸泡1小時，再置鍋中蒸約1小時至豆熟爛，取出豆粒。
② 在白米稀粥中加入所有豆粒，熬煮至黏稠。

牛肉粥

強身健體提高身體抵抗力

牛肉富含鋅和蛋白質，而且氨基酸的比例十分接近人體需要，可強身健體，提高身體抵抗力，尤其在修復組織等方面，特別適宜生長發育時期的孩子、青少年以及病後調養的人。

材料
白米…100克
牛肉…50克
雞精、五香粉、黃酒、蔥段、
薑塊、鹽…各適量

做法
① 牛肉洗淨，剁成肉末；白米淘洗乾淨，浸泡30分鐘。
② 鍋置火上，加入適量水煮沸，放入蔥段、薑塊、牛肉末、黃酒、五香粉煮沸，撈出蔥段、薑塊，倒入白米，煮成粥，用鹽、雞精調味後即可。

香菇瘦肉粥

提高抗癌抗病毒能力

材料

白米⋯100克

豬瘦肉⋯30克

鮮香菇⋯100克

蔥花、鹽、雞精⋯各適量

做法

① 鮮香菇洗淨，去蒂，切丁；豬瘦肉洗淨，切丁，用鹽醃漬10分鐘；白米淘洗乾淨。

② 鍋置火上，加清水、白米，用大火煮沸，轉小火煮20分鐘，加豬瘦肉丁、鮮香菇丁煮沸，轉小火煮10分鐘，加雞精、鹽、蔥花調味。

香菇中的香菇多糖具有提高身體免疫力、抑制癌細胞生長、抗病毒、抗衰老等功效，豬瘦肉富含蛋白質，也能提高人體免疫力。

香菇脆筍粥

蘆筍富含維他命，可緩解輻射引起的不適；香菇富含多種礦物質和膳食纖維，提高免疫力、抗癌的功能顯著。二者搭配食用，其抗輻射、排毒的功效更佳。

材料

白米…100克
蘆筍…50克
乾香菇…5朵
蔥末、蒜末…各5克
鹽…3克

做法

① 白米洗淨，放入沸水中熬煮成稠粥；乾香菇泡發，洗淨，去蒂切絲，加少許鹽、植物油，隔水蒸熟；蘆筍洗淨，切片。
② 鍋置火上，放油燒熱，倒入蔥末、蒜末爆香，加入蘆筍片，炒至入味。
③ 將蘆筍片和蒸熟的香菇放入稠粥中，熬煮片刻，加剩餘鹽調味即可。

生菜蝦仁粥

蝦仁富含蛋白質、鋅、鐵等成分，能促進免疫系統功能；生菜含有種類豐富的維他命，也可提高人體免疫力。二者搭配食用，具有較強的增強人體免疫力的功效。

材料

白米…100克
生菜、蝦仁…各50克
雞湯…250克
鹽、味精…各適量

做法

① 生菜洗淨切碎；蝦仁洗淨汆燙；白米淘洗乾淨。
② 鍋置火上，倒入雞湯和適量清水煮開，加入白米，用大火煮沸，轉小火熬煮至黏稠。
③ 將蝦仁放入粥中，略煮片刻後加入生菜，再放入鹽和味精調味。

第五章
呵護全家的滋養粥

推薦五穀

糙米

富含膳食纖維和礦物質，可幫助排毒，防治便祕。

白米

可滋陰潤燥，所含的蛋白質和維他命 B 群可促進胎兒大腦和骨骼發育。

宜食 ✓

- 食物種類要齊全，粗細搭配，增加燕麥、小米、豆類等食物的攝入。
- 確保優質蛋白質的充足攝入，適當多吃大豆及其製品、奶類、蛋類等。
- 適當多攝入新鮮的水果和蔬菜。

忌食 ✗

- 不宜吃含咖啡因的食物和飲料，以及辛辣食物、罐頭食品和油炸食物，也不宜吃桂圓、人參、馬齒莧、薏仁等食物。

關鍵營養素

蛋白質：蛋白質是物質基礎，是胎兒身體形成的必須物質，孕媽咪體內必須儲備足夠的蛋白質。

碘：碘是孕媽咪及胎兒維持正常生理功能不可或缺的營養素，一旦缺乏便容易導致胎兒先天智力低下。

葉酸：可預防神經管畸形兒的發生。

註：孕媽咪需要全面、均衡的營養，而且胎兒每個月的發育情況不同，所需的營養也各有側重，這裡所提示的營養是針對整個孕期來說的關鍵營養素，而不是唯一所需的營養。

其他推薦食材

綠花椰菜、山藥、蓮藕、香菇、花椰菜、牛肉、蝦。

山藥含有澱粉酶等物質，有利於消化吸收，還可促進腸蠕動，可幫助孕媽咪防治孕期便祕；同時山藥與小米、白米煮粥食用，可養胃護胃。

小米山藥粥

預防
孕期便祕

材料
山藥…100克
小米…60克
白米…20克

做法
① 山藥去皮，洗淨，切小丁；小米和白米分別淘洗乾淨。
② 鍋置火上，倒入適量清水燒開，下入小米和白米，大火燒開後轉小火煮至米粒八分熟，放入山藥丁煮至粥熟即可。

綠花椰菜能增強身體免疫力，其中維他命C含量極高，孕媽咪食用不但可增強免疫力，還能促進肝臟解毒，增強體質。

綠花椰菜粥

增強
免疫力
促進
肝臟解毒

材料
白米…50克
綠花椰菜、肉末…各25克
鹽、雞精…各適量

做法
① 白米洗淨；綠花椰菜洗淨，掰成小朵。
② 鍋置火上，倒入適量清水大火燒開，加入白米煮沸，加入肉末，轉小火熬煮至熟，下入綠花椰菜煮熟後加鹽、雞精拌勻即可。

桂花栗子粥

栗子含蛋白質、葉酸等多種成分，葉酸是胎兒大腦發育的必需物質，蛋白質則有利於提高孕媽咪的免疫力，幫助胎兒健康發育。

促進胎兒大腦發育

材料
栗子…50克
糯米…75克
糖桂花…5克

做法
① 栗子去殼，洗淨，取出栗子肉，切丁；糯米洗淨，浸泡4小時。
② 鍋內加適量清水燒沸，放入糯米，用大火煮沸，轉小火熬煮30分鐘，加栗子肉丁，煮至粥熟，撒糖桂花。

特別提醒
脾胃虛弱、消化不良的孕媽咪不宜多食栗子。

白米海參粥

海參是高蛋白、低脂肪、低膽固醇食物，易於消化，可滋陰補血、養胎、利產，能夠為孕媽咪提供全面的營養，海參還富含碘，能促進嬰兒的大腦和神經系統發育。

促進胎兒大腦和甲狀腺發育

材料
白米…100克
發好的海參…2條

做法
① 白米淘洗乾淨；發好的海參洗淨，切小塊。
② 白米與海參一起放入鍋內，加適量清水，煮至粥成。

雞肉山藥粥

預防
孕媽咪
營養不良

雞肉的氨基酸組成十分接近人體需要，吸收利用率也高，被人體消化率高，能夠幫助孕媽咪預防營養不良、補精填髓、益五臟、可溫中益氣，乏力疲勞、貧血、虛弱等症，山藥對於體重超標的孕媽咪還有纖體的作用。

材料
白米…100克
雞肉…200克
山藥…100克
鹽、雞精、蔥末、
料酒…各適量

做法
① 白米淘洗乾淨；雞肉洗淨切碎；山藥洗淨後，去皮切丁。
② 沙鍋置火上，將切好的雞肉和白米放入鍋裡煮至熟爛，然後將山藥放入雞肉湯中，煮至熟軟，加鹽、雞精、料酒調味，撒上蔥末即可。

紫菜粥

促進胎兒
的神經
系統發育

紫菜富含鐵、碘等物質，尤其碘含量很高，碘主要參與甲狀腺素的合成，母體妊娠期缺碘，會造成胎兒甲狀腺激素缺乏，導致胎兒的中樞神經系統，尤其是大腦發育受損。

材料
白米…100克
紫菜…15克
鹽、蔥花…各適量

做法
① 紫菜洗淨，撕成小片後，待用。
② 白米淘洗乾淨，加水煮成粥，加入紫菜煮至粥稠，放鹽、蔥花調味即可。

特別提醒
消化功能不好、脾胃虛寒者不宜吃紫菜。

推薦五穀

小米

富含鐵、維他命 B 群和膳食纖維，可幫助產婦體力恢復。

黑芝麻

富含蛋白質、脂肪、鈣、鐵等物質，可較全面補充產婦所需營養。

黃豆

可提供豐富的優質蛋白和鈣，提高乳汁質量，對嬰兒成長發育有利。

產後

宜吃清淡、稀軟、易消化的食物，如面片、餛飩、粥。合理補充蔬菜和水果。不要太油膩。

哺乳期

食物種類要齊全，不偏食。攝入充足的優質蛋白質。重視蔬菜和水果的攝入。增加魚、肉、蛋等的攝入，促進乳汁分泌。少吃鹽及刺激性食物。不喝濃茶和咖啡。

關鍵營養素

蛋白質：攝入充足的蛋白質，以利於乳汁形成。

鐵：產婦在分娩過程中失血很多，需要補鐵造血，恢復體力；對於產後的新手媽咪，多吃含鐵食物，對嬰兒的生長發育有利。

鈣：攝入充足的鈣，可保證乳汁中的鈣含量，滿足嬰兒的骨骼生長需求。

其他推薦食材

紅糖、雞蛋、瘦肉、魚、動物血、動物肝臟等。

小米富含維他命B群和多種礦物質，可補虛養胃、調養身體，紅糖是未經煉製的粗製糖，不僅能補充能量，還含有產婦所需的鐵、鈣等物質。

小米紅糖粥

補虛養胃
調養身體

材料
小米、白米…各50克
紅糖…15克

做法
① 小米、白米淘洗乾淨。
② 鍋置火上，倒入白米、小米和適量清水，用大火燒沸，轉小火熬煮至米粒熟爛，加紅糖攪勻。

小米紅豆粥

催乳補虛

紅豆富含葉酸，產婦、哺乳期女性多吃有催乳的功效；小米營養豐富，且易於消化，對於產後體虛的產婦來說最適合不過了。

材料
紅豆、小米…各50克
白米…30克

做法
① 紅豆洗淨，用清水泡4小時，再蒸1小時至紅豆酥爛；小米、白米分別淘洗乾淨，白米用水浸泡30分鐘。
② 鍋置火上，倒入適量清水大火燒開，加小米和白米煮沸，轉小火熬煮25分鐘成稠粥。
③ 將酥爛的紅豆倒入稠粥中煮沸，攪拌均勻即可。

木瓜排骨粥

促進乳汁分泌

排骨富含脂肪、蛋白質和鐵、鈣等物質，與白米、香米熬粥，不油膩、易消化，有利於乳汁分泌，還能防止新手媽咪貧血。

材料
排骨、木瓜…各200克
白米、香米…各50克
薑片、料酒…各適量

做法
① 木瓜洗淨，去皮、籽，切小塊；排骨洗淨，切塊，汆燙；白米和香米分別洗淨。
② 鍋置火上，放排骨塊、薑片、料酒和清水，大火煮沸後轉小火煮30分鐘，加白米和香米，熬煮至粥九分熟時加木瓜塊，小火煮10分鐘，加鹽調味即可。

推薦五穀

玉米
可保護眼睛，提高記憶力。

紫米
氨基酸含量豐富，組成
極佳，適合兒童食用。

黑芝麻
富含維他命 E 和不飽和脂肪酸，可促進兒童的大腦發育。

兒童

宜食 ✓

- 飲食以穀類為主，注意粗、細糧合理搭配。
- 適當多吃豆類及動物性食物，如黃豆及其製品、肉、魚、蛋等，以保證優質蛋白、脂肪和礦物質的攝入。
- 適當多吃蔬菜和水果。

忌食 ✗

- 不宜喝含糖量高的飲料。忌吃高鹽、高油及膨化食品。

關鍵營養素

蛋白質：兒童處於生長發育階段，需要充足的蛋白質補充日常代謝的損耗。

鈣：兒童骨骼生長發育對鈣的需求量較大。

鋅：缺鋅會影響骨骼生長，還容易導致成人後的性功能低下等症。

維他命：調節身體組織功能，一旦缺乏會引發各種疾病。

其他推薦食材

南瓜、紅蘿蔔、菠菜、蝦、魚、雞肉、蘋果、梨子。

南瓜富含鋅，是腎上腺皮質激素的固有成分，為人體生長發育的重要物質；紫米富含蛋白質，且氨基酸的組成接近人體需要，這款粥十分適合兒童生長的需要。

特別提醒

南瓜切開後，吃不完的部分最好用湯匙把內部的籽和瓤掏空，再用保鮮膜包好放入冰箱冷藏。

材料

南瓜…100克
紫米…50克
紅棗…6顆
白糖…適量

做法

① 南瓜洗淨，去皮除籽，切小塊；紅棗洗淨，去核；紫米淘洗乾淨，浸泡2小時。

② 鍋置火上，倒入適量清水，放入紫米、南瓜塊、紅棗，用大火煮沸，轉小火繼續熬煮，加入適量白糖煮至粥黏稠即可。

南瓜紫米粥

促進
生長發育

黑芝麻富含不飽和脂肪酸、鈣、蛋白質，可健腦益智，與白米一起煮粥，很適合兒童經常食用。

材料
白米…100克
黑芝麻…40克

做法
① 黑芝麻洗淨，炒香，研碎；白米淘洗乾淨。
② 沙鍋置火上，倒入適量清水大火燒開，加白米煮沸，轉用小火煮至八分熟時，放入芝麻碎拌勻，繼續熬煮至米爛粥稠即可。

黑芝麻白米粥

健腦
益智

玉米渣中含有蛋白質、脂肪、糖類、膳食纖維、維他命E和維他命B群，可促進生長發育，此外玉米含有的黃體素、玉米黃質可以保護眼睛，刺激大腦細胞，增強人的腦力和記憶力。

材料
玉米渣…75克

做法
① 將玉米渣淘洗乾淨，用水浸泡4小時。
② 鍋中加入適量清水煮沸，放入玉米，大火煮沸後轉小火熬煮至粥稠即可。

玉米渣粥

增強腦力
和記憶力

推薦五穀

小米

富含碳水化合物，
可提供熱量。

黃豆

富含優質蛋白，
可提高免疫力。

黑芝麻

可提高腦力，能防止
「少白頭」。

核桃

可健腦益智。

青少年

宜食 ✓

● 確保足夠的能量攝入。膳食要多樣化，以滿足不同營養的均衡攝入。

● 飲食應粗細搭配、葷素搭配。應特別重視早餐的營養。

忌食 ✗

● 不宜貪吃零食，尤其是膨化、油炸食品。不宜挑食、偏食。

關鍵營養素

蛋白質：生長發育的基礎，蛋白質攝入不足
會影響青少年的成長。

碳水化合物：青少年體內各臟器不斷增大，
新的組織不斷構成，需要更多熱量供給。

礦物質：鈣、鐵、鋅、磷等礦物質都是青少
年成長必需的物質。

維他命：維他命A、維他命C等可以保護視
力、提高免疫力，是學習緊張期的青少年的
必需營養。

其他推薦食材

動物肝臟、海帶、紅蘿蔔、
芝麻 核桃、魚類。

150

黑芝麻含卵磷脂、不飽和脂肪酸和維他命E，
可增強專注力和記憶力，提高學習能力。
這道芝麻粥非常適合經常用腦過度的青少年食用。

材料
黑芝麻…20克
白米…30克

做法
① 黑芝麻洗淨，炒香。
② 白米淘洗乾淨，放入沙鍋，加適量清水，用大火煮沸，轉小火煮至八分熟時，放入黑芝麻拌勻，繼續熬煮至米爛粥稠即可。

芝麻粥

提高
學習能力

豬肝綠豆粥

豬肝富含蛋白質和維他命A，可促進生長、保護視力；綠豆含鐵、鈣、磷等物質豐富，二者和白米一起煮粥食用，可促進青少年生長發育，保護視力。

材料

豬肝…75克

白米…100克

綠豆…50克

鹽、雞精…各適量

做法

① 綠豆、白米分別洗淨，綠豆用水浸泡2小時，白米用水浸泡30分鐘；新鮮豬肝洗淨，切薄片。

② 鍋置火上，倒適量清水燒開，再加綠豆、白米大火煮沸，轉小火煮至九分熟後，將豬肝放入鍋中同煮，熟後再加鹽、雞精調味即可。

什錦雞翅粥

有葷有素，可提供豐富的蛋白質、礦物質和維他命，適合活動量大、學習負擔重的青少年補充體力和腦力食用，香菇中的香菇多糖還有提高免疫力的作用。

材料

白米…100克　　乾香菇…3朵

雞翅…2支　　　菠菜…1棵

雞湯、香菜段、太白粉水、料酒、蔥花、薑絲、蒜末、鹽、雞精各…適量

做法

① 乾香菇泡發，去蒂洗淨，切塊；菠菜洗淨後用沸水汆燙一下，過涼，切段；白米洗淨後浸泡30分鐘；雞翅洗淨，用鹽、太白粉水、料酒、薑絲醃漬10分鐘，用沸水略為汆燙。

② 鍋置火上，放入雞湯、白米，用大火煮沸，轉小火，放入雞翅、香菇塊熬煮30分鐘，加菠菜段、香菜段、鹽、雞精、蔥花、蒜末略煮。

推薦五穀

蓮子

性平、味甘，入心、脾、腎經，可益腎澀清、養心安神。

核桃

富含不飽和脂肪酸和維他命 E，可延緩衰老。

小米

可健脾益胃、安神清心，防治中年期易發的睡眠不佳以及更年期症候群。

宜食 ✓

- 飲食應粗細搭配，不能只吃精米、精麵，還要多吃粗糧。
- 增加維他命和礦物質的攝入，以預防骨質疏鬆和高血壓。

忌食 ✗

- 總熱量的攝入不宜過多，以免造成肥胖。
- 控制動物性油脂的攝入。

關鍵營養素

蛋白質：中年人對蛋白質的利用率下降，飲食中應注意合理補充。

膳食纖維：防治便祕，促進膽固醇排泄，降低血液中膽固醇的含量，防治高血脂、動脈硬化、糖尿病等中年人的高發疾病。

鈣：增加骨密度，預防骨質疏鬆。

維他命 E：延緩衰老。

其他推薦食材

豬腰、蓮子、銀耳、蓮藕、紫米、糯米、杏仁。

鴿蛋銀耳粥

滋陰潤膚
延緩衰老

鴿蛋富含優質蛋白質，可滋陰補腎、養氣血；銀耳含有多種氨基酸及礦物質，能滋陰潤肺、潤膚養顏；核桃仁能延緩衰老，三者熬粥可滋陰、潤膚、延緩衰老，尤其適合體虛和貧血者。

材料
白米…100克
水發銀耳…25克
核桃仁…10克
鴿蛋…5顆
冰糖…10克

做法
① 白米洗淨；水發銀耳洗淨，入蒸籠蒸熟，取出撕開；鴿蛋煮熟去殼；核桃仁用溫水浸泡後洗淨，碾碎。
② 鍋置火上，倒入適量清水煮沸，再加白米煮開，轉小火，加入銀耳、核桃仁碎，放入冰糖攪勻，待粥熟時，加入鴿蛋稍煮即可。

特別提醒
食積胃熱者及孕婦不宜食用鴿蛋，不宜食用此粥。

雙蓮粥

緩解
更年期
不適

蓮子可養心安神、益腎澀清；蓮藕可靜心除煩，健脾胃，還能潤膚美顏，消除皺紋。這款粥可有效緩解中年期的心悸失眠、心煩口渴等症。

材料
蓮藕、紫米、糯米…各50克
蓮子…25克
冰糖…適量

做法
① 蓮子、紫米、糯米洗淨，浸泡2小時，將蓮子去心；蓮藕洗淨，去皮，切丁。
② 鍋置火上，加適量清水，放入蓮子、紫米、糯米，用大火煮沸，轉小火慢慢熬煮至蓮子口微張，加入蓮藕丁、冰糖，繼續熬煮30分鐘。

材料
小米…100克
豬腰…50克
蔥末、薑片…各5克
鹽…3克

做法
① 小米洗淨；豬腰除筋去膜，洗淨，切片，用鹽抓勻後用水沖淨，反覆兩次。
② 鍋置火上，倒入適量清水大火燒開，加小米與薑片煮沸後轉小火熬煮至粥熟，加入豬腰片煮熟，再加蔥末、鹽調味即可。

豬腰小米粥

養精固腎
開胃安眠

豬腰可補腎強腰；小米富含碳水化合物、維他命Ｂ群，可健胃除濕、和胃安眠、滋陰益腎。二者一起煮粥食用，適合應對中年人腎虛、失眠等症。

推薦五穀

玉米

可延緩皮膚衰老，抗眼睛老化，還能預防心腦血管疾病。

核桃

可延緩衰老、增強記憶，防止老年人容易出現的健忘等症。

老年人

宜食 ✓

- 進食應定時、定量。

- 進食容易消化吸收的食物，多吃富含膳食纖維的蔬菜。

忌食 ✗

- 減少鹽、脂肪的攝入量，最好不吃動物油，改吃植物油。

- 少吃油炸類、燻烤類、醃漬類食物。

- 減少攝入膽固醇，應少吃蛋黃、動物肝臟等膽固醇含量高的食物。

關鍵營養素

蛋白質：老年人的蛋白質合成能力較差，攝入的蛋白質利用率低，因此要合理補充蛋白質。

膳食纖維：可調節腸道菌群，促進胃腸道蠕動，從而預防便祕、腸癌。

鈣：可增加骨密度，預防老年人常出現的骨質疏鬆和骨折。

其他推薦食材

南瓜、紅薯、茄子、紫米、燕麥、馬鈴薯、紅蘿蔔、竹筍、韭菜、油菜、菠菜、花椰菜、苦瓜、香菇、黑木耳、魚類、蝦類、蛋類等。

玉米綠豆粥

材料

綠豆、玉米、糯米⋯各30克

做法

① 綠豆、玉米、糯米分別淘洗乾淨；糯米浸泡1小時，玉米浸泡6小時，綠豆提前一晚浸泡，並用蒸鍋蒸熟，待用。

② 鍋置火上，放入適量清水，加入玉米，大火煮沸後放入糯米、綠豆，轉小火後熬煮30分鐘即可。

玉米所含的膳食纖維能排毒防癌；維他命E能抗氧化、延緩衰老、防止動脈硬化；黃體素、玉米黃質可對抗眼睛老化，還能增強記憶力，老年人食用此粥可防癌、抗老化。

茄子粥

材料

白米⋯100克
茄子⋯30克
鹽、雞精⋯各適量

做法

① 把茄子洗淨，去蒂，切小塊；白米淘洗乾淨。

② 鍋置火上，清水、白米與茄子塊一起入鍋，先用大火煮沸，再改用小火燜煮至白米熟爛，加鹽、雞精調味即可。

特別提醒

茄子最好現做現切，否則切後放置時間過長會氧化變黑。

茄子含有維他命E，可降低血膽固醇水平，還能延緩衰老；茄子還含有維他命P，能增強毛細血管的彈性，使心血管保持正常的功能，這款粥可防止老年人高發的心血管疾病。

燕麥肉末粥

防治
糖尿病
和便祕

這道粥富含蛋白質、碳水化合物、脂肪等，可為老年人提供所需熱量，而且苦瓜可降糖，燕麥可促進腸道蠕動，緩解便祕。這款粥對於老年人防治糖尿病和便祕症狀有益。

材料

白米…100克

苦瓜、燕麥片…各50克

牛肉…25克

鹽、雞精、香油…各適量

做法

① 白米和燕麥片淘洗乾淨；苦瓜洗淨，去蒂除子，切丁；牛肉洗淨，剁成肉末。

② 鍋置火上，倒入白米、燕麥片和牛肉末，加適量清水將米粒和牛肉末熬至熟透，放入苦瓜丁攪拌均勻，煮沸後用鹽、雞精和香油調味即可。

南瓜粥

健胃養胃
提高人體
抵抗力

小米可健胃養胃，適合消化功效減弱的老年人食用；南瓜營養豐富，是高鈣、高鉀、低鈉食品，有利於預防骨質疏鬆和高血壓，還能輔助降糖，而且南瓜所含的果膠有極強的吸附性，能清除人體內的有害物質，提高人體抵抗力。

材料

小南瓜、小米…各100克

做法

① 小南瓜洗淨，去皮去瓤，切塊；小米淘洗乾淨。

② 鍋置火上，倒入適量清水，放入南瓜塊煮沸，放入小米再次煮沸，轉用小火熬煮成粥即可。

核桃紫米粥

滋養腦細胞防止健忘

材料
紫米⋯40克
核桃仁⋯25克
白米⋯30克
冰糖⋯5克

做法
① 紫米、白米分別淘洗乾淨，浸泡4小時；核桃仁洗淨，掰碎。
② 鍋置火上，加適量清水煮沸，放入紫米、糯米，用大火煮沸後轉小火，放入核桃仁碎繼續熬煮，粥將熟時加冰糖調味。

紫米富含多種氨基酸和礦物質，能保證大腦供能充足；核桃仁含有人體必需的不飽和脂肪酸，能滋養腦細胞、增強腦功能；二者與白米煮粥，能滋養大腦，避免老年人經常出現的健忘症狀。

第六章

對症食療營養粥

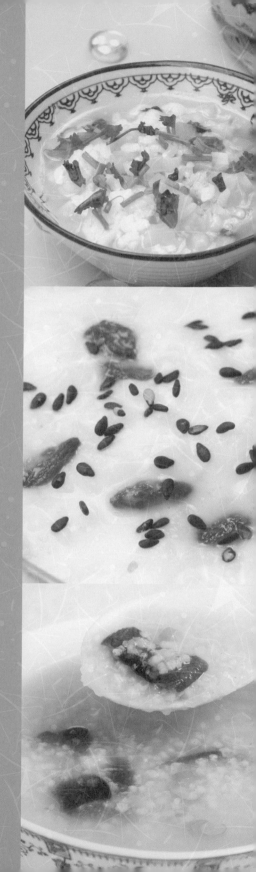

推薦五穀

黃豆

含鈣和膳食纖維，可促進排鈉，擴張血管，降低血壓。

燕麥

含膳食纖維，可吸附體內的鈉排出體外，輔助降血壓。

蕎麥

富含鉀和蘆丁，能抑制血壓上升，有抗氧化作用，可輔助降壓。

小米

含維他命 B 群、煙酸、膳食纖維等成分，可抑制血管收縮、降低血壓。

高血壓

宜食 ✓

- 合理攝入蛋白質，尤其是豆類、穀類等植物蛋白。

- 多吃富含膳食纖維、鉀、鈣、維他命的食物。

忌食 ✗

- 控制總熱量攝入，減少脂肪和膽固醇的攝入，尤其要盡量少吃動物脂肪和動物內臟。

- 減少食鹽的攝入量，每人每日食鹽量應少於5克。不宜吃過鹹的食物及醃製品、豆腐乳等。

關鍵營養素

鉀：排除多餘鈉鹽，輔助降壓。

鈣：維持正常的血液狀態。

膳食纖維：清除體內膽固醇，排除多餘脂肪。

其他推薦食材

糙米、綠豆、芹菜、油菜、薺菜、紅薯、馬鈴薯。

芹菜粥

芹菜富含膳食纖維和鉀，搭配白米做出來的粥，具有低熱量、高纖維的特點，可幫助排除體內多餘的鈉鹽，輔助降壓，還能預防心血管疾病、糖尿病和結腸癌。

材料

白米⋯100克
芹菜⋯50克
鹽⋯3克

做法

① 芹菜洗淨，切段；白米淘洗乾淨，用水浸泡30分鐘。

② 芹菜段放入鍋內加水熬煮20分鐘，取芹菜汁。

③ 鍋置火上，倒入芹菜汁和適量清水大火燒開，加白米同煮成粥，用鹽調味即可。

豆漿白米粥

豆漿是預防心腦血管疾病的理想食品，因為豆漿含有豐富的卵磷脂和不飽和脂肪酸，尤其對高血壓有良好的預防效果，與白米一起煮粥，預防效果更佳。

材料

豆漿⋯150克
白米⋯100克
白糖⋯10克

做法

① 白米淘洗乾淨，用水浸泡30分鐘。

② 鍋置火上，加水燒沸，放入白米，煮沸時稍攪拌，改中火熬煮30分鐘，再加入豆漿熬煮片刻，調入白糖即可。

特別提醒

慢性腎炎者不宜食用。豆漿容易糊鍋，因此加入豆漿後要勤攪動。

紅蘿蔔小魚粥

有效降壓

材料
白米…100克
紅蘿蔔…30克
小魚乾…20克
鹽…適量

做法
① 白米淘洗乾淨，用水浸泡30分鐘；紅蘿蔔洗淨，切末；小魚乾泡水洗淨，撈出瀝乾備用。
② 將小魚乾放入沸水中煮熟，撈出，瀝水；白米放入沸水中大火煮沸，轉小火熬煮至熟，放入小魚乾，中火煮10分鐘，加入紅蘿蔔末稍煮，加鹽調味即可。

特別提醒
育齡婦女不宜食用。

紅蘿蔔含有降糖物質，其所含的槲皮素、山柰酚能增加冠狀動脈血流量，降低血脂，是高血壓、冠心病患者的食療佳品。

荸薺能夠促進大腸蠕動，調節人體酸鹼平衡，防治便祕所引發的血壓升高，與可明目降壓的綠豆搭配可防治高血壓。

荸薺綠豆粥

防治
血壓升高

材料

荸薺…150克

綠豆…50克

白米…20克

冰糖、檸檬汁…各適量

做法

① 荸薺洗淨，去皮切碎；綠豆洗淨，浸泡4小時後蒸熟；白米洗淨，浸泡30分鐘。

② 鍋置火上，倒入荸薺碎、冰糖、檸檬汁和清水，煮成湯水。

③ 另取鍋置火上，倒入適量清水燒開，加白米煮熟，加入蒸熟的綠豆稍煮，倒入荸薺湯水攪勻即可。

特別提醒

脾胃虛寒者不宜食用。荸薺的表皮極易帶菌，烹製之前必須洗淨、去皮，最好用開水燙一下。

草菇魚片粥

降膽固醇

草菇含有多糖和異構蛋白，常吃能夠增強人體免疫力，降膽固醇、降血壓，與鎂含量豐富的鱈魚搭配食用，可以有效預防高血壓等心腦血管疾病。

材料

鱈魚片…100克　　鮮湯…1,000克
草菇…50克　　　　鹽…4克
青豆…20克　　　　香油、蔥末、
白米…150克　　　薑末…各適量

做法

① 鱈魚片洗淨，切長方形薄片；草菇洗淨，放沸水中汆燙一下，撈出；青豆洗淨，煮熟；白米淘洗乾淨，浸泡30分鐘。

② 將白米放入鍋中，加鮮湯和適量清水，用大火燒開，撇淨浮沫，加蓋，轉小火慢煮成粥。

③ 下入薑末、草菇略煮一下，再下入鱈魚片煮熟，加鹽、香油調勻，下入熟青豆，撒上蔥末即可出鍋。

特別提醒

鱈魚片非常容易熟，應最後放入。

燕麥牛丸粥

預防高血壓

燕麥含有豐富的亞油酸、皂苷和維他命B群等，有利於調節糖類和脂肪的代謝，降血清膽固醇和三酸甘油酯，預防高血壓。

材料

白米…100克　　　　燕麥…20克
牛肉餡…50克
番茄丁、芹菜末…各25克
雞蛋（取蛋清）…1顆
香菜段、蔥末、薑末、鹽、
麵粉、香油…各適量

做法

① 白米洗淨，浸泡30分鐘；燕麥洗淨；牛肉餡加麵粉、蛋清、香油、鹽與少許清水拌勻，擠成小肉丸。

② 鍋內加適量清水煮沸，放入白米、燕麥煮開，轉小火熬煮，放牛肉丸煮熟，加番茄丁、芹菜末、蔥末、薑末、香菜段和剩餘鹽調味。

特別提醒

瘡瘍濕疹患者不宜食用。

推薦五穀

黑豆
增強胰腺功能，促進胰島素的分泌。

燕麥
預防糖尿病性視網膜病變，改善糖耐量。

糙米
降低葡萄糖的吸收速度。

玉米
利尿、降壓、降糖。

糖尿病

宜食 ✓

- 控制總熱量是糖尿病飲食治療的首要原則。

- 攝入充足的膳食纖維，以每天20～35克為宜。

- 適當補充優質蛋白質。

忌食 ✗

- 糖尿病患者喝粥時，不宜過稠，可先將米過沸水撈一下再煮粥。同時應限制含飽和脂肪酸的脂肪（如牛油、羊油、豬油、奶油等）的攝入量，適當控制膽固醇含量高的食物。

關鍵營養素

膳食纖維：維持血糖平穩。

維他命B6：預防糖尿病性視網膜病變，改善糖耐量。

鉻：是葡萄糖耐受因子的組成成分，可調節血糖。

其他推薦食材

苦瓜、白菜、芥菜、銀耳、猴頭菇、南瓜、芝麻、枸杞、豆腐、鱔魚。

材料
烏骨雞腿…150克
白米…100克
蔥絲…10克
鹽…3克

特別提醒
白米煮熟即可，不用
煮黏，過於黏稠的粥
會使血糖升高。

做法
① 將烏骨雞腿洗淨，切
塊，汆燙，瀝乾；白米
洗淨，浸泡30分鐘。
② 鍋置火上，倒入適量清
水燒開，放入烏骨雞腿
用大火煮沸，轉小火煮
15分鐘，放入白米繼續
煮，煮沸後轉小火，待
米熟時放入蔥絲，用鹽
調味即可。

烏骨雞白米蔥白粥

保護
胰島細胞

烏骨雞含有較多的維他命B2、維他命E，其中維他命E含量是普通雞肉的二點六倍，能提高糖尿病患者對環境的應激適應能力，並有助清除體內自由基，保護胰島細胞。

苦瓜中含有類似胰島素的生物活性物質，能夠降低血糖，是糖尿病患者的理想食療食物。

苦瓜粥

降膽固醇

材料
苦瓜…15克
白米…100克

做法
① 白米淘洗乾淨，用水浸泡30分鐘；苦瓜洗淨，除去瓜瓤，用水浸泡後撈出，切成丁。
② 鍋置火上，加入適量清水，將白米放入，先用大火煮沸，然後加入苦瓜丁，改用小火熬煮至粥成即可。

特別提醒
生長發育期的男性及孕婦不宜食用。如果嫌苦瓜太苦，可在切好的苦瓜片上撒上鹽醃漬一會兒，然後用水濾淨，可減輕苦味。

燕麥含有豐富的膳食纖維，可控制血糖指數。而南瓜富含的鈷，是人體胰島素細胞所必需的微量元素。二者搭配食用，可防治糖尿病，降低血糖。

燕麥南瓜粥

降膽固醇

材料
燕麥…30克
白米…50克
小南瓜…1顆

做法
① 將南瓜洗淨削皮去籽，切成小塊；白米洗淨，用清水浸泡30分鐘。
② 鍋置火上，將白米與清水一同放入鍋中，大火煮沸後改小火煮20分鐘。
③ 放入南瓜塊，小火煮10分鐘，再加入燕麥，繼續用小火煮10分鐘即可。

推薦五穀

黃豆
能夠降低膽固醇。

綠豆
抑制膽固醇的吸收。

燕麥
加速膽固醇的代謝。

玉米
富含膳食纖維，降膽固醇。

血脂異常

宜食 ✓

● 供給充足的蛋白質，且植物蛋白質的攝入量要在50%以上。

● 每天最好喝1,800毫升的水。

● 提倡高纖飲食，而燕麥是首選食物，每日可食用60～70克，還有粗雜糧、乾豆類、海帶、新鮮的蔬菜、水果等。

忌食 ✗

● 減少動物性脂肪的攝入，如肥豬肉、黃油、肥羊、肥牛、肥鴨、肥鵝等。

● 限制膽固醇的攝入量，而且要忌食動物內臟、蛋黃、魚子、魷魚等食物。

關鍵營養素

膳食纖維：減緩膽固醇吸收速度並加速膽固醇排出體外。

鈣、鎂：促進糖的代謝，避免脂肪囤積和代謝紊亂。

維他命：防止脂質氧化，避免血管阻塞。

其他推薦食材

奶類、菇類、杏仁、核桃仁、綠色蔬菜、番茄、葡萄、鮭魚、堅果、藍莓、大蒜、菠菜、木耳。

材料
小米…100克
黃豆…50克

做法
① 小米淘洗乾淨；黃豆淘洗乾淨，用水浸泡4小時。
② 鍋置火上，倒入適量清水燒沸，放入黃豆用大火煮沸後，改用小火煮至黃豆將酥爛，再下入小米，用小火慢慢熬煮，至粥稠即可。

特別提醒
食積腹脹者不宜食用。黃豆不易熟，煮粥時應先放入黃豆。

小米黃豆粥

預防心血管疾病

黃豆富含卵磷脂，可除掉附在血管壁上的膽固醇，防止血管硬化，預防心血管疾病，保護心臟。和小米一起煮粥食用，可以有效防治高脂血症。

海帶綠豆粥

降血脂

海帶富含膳食纖維、蛋白質和礦物質，有降血壓、降血脂的作用；綠豆含大量蛋白質、維他命和礦物質，對高血壓、動脈硬化、糖尿病有一定的輔助治療作用。二者和白米一起煮粥食用，對高脂血症等有較好的食療作用。

材料
白米…100克
水發海帶、綠豆…各30克
白糖…適量

做法
① 海帶洗淨，切碎；綠豆洗淨，用水浸泡4小時；白米洗淨，浸泡30分鐘。
② 鍋置火上，加適量清水燒開，放白米、海帶碎、綠豆煮沸，轉小火熬煮成粥，加入白糖調味即可。

山楂麥芽粥

防治高血脂

山楂有防治心血管疾病、降低血壓和膽固醇、軟化血管等作用；麥芽有行氣消食、健脾養胃、減少體內膽固醇堆積等作用。二者和白米一起煮粥食用，可健胃消食，也可以較好地防治高脂血症。

材料
白米…100克
麥芽…30克
山楂…15克
陳皮…5克

做法
① 麥芽、陳皮洗淨；白米淘洗乾淨，用水浸泡30分鐘；山楂洗淨，去籽，切塊。
② 鍋置火上，加適量清水燒開，放入麥芽、陳皮大火煮30分鐘，再放入白米煮開，加入山楂塊，小火熬煮成粥即可。

特別提醒
哺乳期的女性應禁服此粥，因為麥芽有退乳消脹的作用，不利於哺乳。

材料

白米…100克

菊花…10克

紅棗…6顆

紅糖…10克

特別提醒

棗皮中含有豐富的
營養素，應連皮一
起熬煮。

做法

① 紅棗洗淨，去核；菊花
洗淨；白米淘洗乾淨，
用水浸泡30分鐘。

② 鍋置火上，加適量清水
燒開，放入紅棗、白米
煮至粥黏稠，加菊花、
紅糖再煮5分鐘即可。

紅棗菊花粥

預防
高脂血症

紅棗維他命與鐵含量均十分豐富，
能夠降低血液中膽固醇含量，
進而保護心血管系統。
菊花則含有豐富的
維他命和膳食纖維，
可輔助治療冠心病、
高脂血症等。
二者搭配食用，
可以有效預防高脂血症。

薺菜粥

調節血脂代謝

材料
薺菜…20克
白米…100克
薑、香油、鹽、雞精…各適量

做法
① 將薺菜擇洗乾淨，切末；薑洗淨，切細末。
② 鍋置火上，放入白米、薑末，加適量水大火煮沸，轉用小火煮熟，放入薺菜，加入香油、鹽、雞精調味即可。

特別提醒
便溏腹瀉者不宜食用。薺菜不宜煮的太久，否則其營養成分會遭到破壞，顏色也會變得不好看。

蕎麥粥

蕎麥中鎂、煙酸和蘆丁能夠降低血脂和血膽固醇，控制血脂平衡。

控制血脂平衡

材料
蕎麥…50克
白米…25克

做法
① 蕎麥淘洗乾淨，浸泡3小時；白米淘洗乾淨，浸泡30分鐘。
② 鍋置火上，加適量清水煮沸，放入蕎麥、白米，用大火煮沸，轉小火熬成稠粥。

特別提醒
過敏體質者不宜食用。

推薦五穀

豆類

含有豐富的氨基酸，
可提高抵抗力。

玉米

為人體提供豐富的鋅，
提高抗病毒能力。

綠豆

可清熱解毒，補充營養，
增強體力。

黑米

增強人體抵抗力。

宜食 ✓

● 飲食宜清淡、少鹽、少糖，多喝開水、清淡的菜湯及新鮮的果汁。

● 飲食宜少量多餐，不要一次吃得過飽。

忌食 ✗

● 忌吃一切滋補、油膩、酸澀的食物。

● 不宜長期多吃富含飽和脂肪酸的食物，如肉類、人造黃油等。

關鍵營養素

維他命 C：抗菌、增強免疫功能。

氨基酸：促進細胞新陳代謝，提高免疫力。

鋅：增強人體對感冒病毒的抵抗力。

其他推薦食材

生薑、紅蘿蔔、金針菇、魚類、瘦肉、山藥、蓮藕、檸檬、紅棗、草莓、番茄、花椰菜。

蔥白白米粥

蔥含有刺激性氣味的揮發油和辣素，有較強的殺菌作用，能發揮發汗、去痰等作用，可治療感冒。

防治風寒感冒

材料
白米…100克
蔥白…30克
鹽…3克

做法
① 白米淘洗乾淨，用水浸泡30分鐘；蔥白洗淨，切段。
② 鍋置火上，倒入適量清水燒沸，放入白米，待白米將熟時，把蔥白段放入鍋中，米爛粥熟時放入鹽調味即可。

特別提醒
腋臭患者不宜食用。

生薑羊肉粥

薑所含的揮發油有殺菌解毒作用，有不錯的預防和治療作用，著涼、感冒時可以食用，搭配可以提高抗病能力的羊肉，尤其適合感冒者食用。

用於風寒發熱

材料
鮮生薑…10克
熟羊肉…50克
白米…100克
蔥花、植物油、料酒、鹽、雞精…各適量

做法
① 熟羊肉切成粒；白米淘洗乾淨，浸泡30分鐘，待用；生薑洗淨，切末。
② 鍋置火上，放入適量植物油，加入蔥花、薑末爆香，放入熟羊肉粒稍煸，倒入清水、料酒煮沸，放入白米煮沸，用小火煮至粥稠，用鹽、雞精調味即可。

特別提醒
吃薑一次不宜過多，以免產生口乾、咽痛等上火症狀。

牛蒡粥

牛蒡的主要功能是疏風散熱、解毒消腫，對治療風熱感冒、咳嗽、咽喉腫痛、便祕、頭暈、耳鳴、耳聾、目昏、熱毒牙痛、齒齦腫痛有一定療效。

材料

牛蒡…20克

豬肉…30克

白米…100克

鹽、雞精…各適量

做法

① 牛蒡去除外皮，洗淨；豬肉洗淨，切成條，待用。

② 鍋置火上，倒入適量清水，放入白米，用大火煮沸，加入牛蒡、豬肉條煮40分鐘至黏稠，加入鹽、雞精調味即可。

特別提醒

月經期女性不宜食用。牛蒡切開後應放在清水中浸泡，可防治切口氧化變色，還可除去異味。

生薑粥

味道辛辣的生薑，具有解表散熱、止嘔去痰、解毒止瀉的功效，對感冒風寒、嘔吐腹瀉等症有一定療效。

材料

生薑…25克

白米…100克

枸杞…10克

做法

① 生薑洗淨去皮，切末；白米淘洗乾淨；枸杞洗淨。

② 鍋置火上，加適量清水煮沸，放入白米、生薑末煮沸，加入枸杞，用小火熬煮30分鐘。

特別提醒

生薑具有辛辣和芳香味道，可以放在菜餚之中，使菜的味道更鮮美。

扁豆薏仁粥

薏仁和白扁豆可以增強人體免疫力，提高抵抗力，二者搭配食用可以有效預防感冒的發生。

增強免疫力

材料

薏仁…60克
白扁豆…20克
白米…30克

做法

① 白扁豆挑淨雜質，洗淨，浸泡4～6小時；薏仁淘洗乾淨，浸泡3～4小時；白米淘洗乾淨，用清水浸泡30分鐘。

② 鍋置火上，加適量清水燒開，下入白扁豆、薏仁和白米，用大火燒開，轉小火煮至米、豆熟爛。

特別提醒

食用這道粥時不宜同時食用海帶，否則會破壞維他命E。

百合荸薺粥

百合可以清熱涼血、潤肺止咳，適合熱病後餘熱未消、感冒咳嗽者食用。與抗菌消炎的荸薺搭配食用，可以緩解因感冒引起的咳嗽症狀。

緩解感冒咳嗽

材料

糯米…100克　　荸薺…25克
乾百合…5克　　枸杞、冰糖…適量

做法

① 乾百合洗淨，泡水；荸薺去皮，洗淨，切片；糯米洗淨，用清水浸泡2小時。

② 鍋置火上，倒入適量清水，放入糯米用大火煮沸，轉小火熬煮40分鐘，放入荸薺片煮熟，加入百合和枸杞煮5分鐘，用冰糖調味即可。

特別提醒

荸薺不宜生吃，因為荸薺生長在泥中，外皮和內部都有可能附著較多的細菌和寄生蟲，所以一定要洗淨煮熟後才食用。

推薦五穀

燕麥

富含膳食纖維，可以促進排便。

糙米

健脾開胃，促進消化。

糯米

膳食纖維豐富，可以防治便祕。

核桃

富含不飽和脂肪酸，可以潤腸通便。

便祕

宜食 ✔

- 多飲水，使腸道保持足夠的水分，以利於糞便排出。

- 多吃含膳食纖維較多的食物。

- 適量吃一些富含油脂的食物，如芝麻、核桃仁、杏仁等。

忌食 ✘

- 忌吃辛辣、溫熱、刺激性的食物，如辣椒、咖啡、酒、濃茶等。

- 不宜吃太多含有蛋白質的食物，如豬肉、牛肉、羊肉、鴨肉等。

關鍵營養素

膳食纖維：可潤腸通便，促進消化液分泌。

維他命 B 群：可促進腸胃蠕動，促進新陳代謝。

不飽和脂肪酸：可潤腸通便，防治便祕。

其他推薦食材

香蕉、鳳梨、木瓜、葡萄、西瓜、菠菜、蘿蔔、蘑菇、海帶、紫菜、紅薯、蜂蜜、優酪乳。

紫菜麥片粥

燕麥片中含有豐富的膳食纖維，可以促進腸胃蠕動，加速糞便排出體外，與紫菜搭配可以有效防治便祕。

治療便祕

材料
燕麥片、紫菜、雞蛋、
鹽…各適量

做法
① 雞蛋洗淨，磕入碗中打散；紫菜撕成小片。
② 鍋中加適量清水煮沸，放入燕麥片煮開，加紫菜片燒沸，放入雞蛋液攪勻，熄火，調入少許鹽即可。

特別提醒
腹痛、便溏者不宜食用。

燕麥高麗菜粥

燕麥富含膳食纖維，可促進胃腸蠕動，加速排便，與可促進消化的高麗菜搭配可以預防及緩解便祕。

預防便祕

材料
燕麥片…50克　　鹽…2克
高麗菜…100克　雞精…1克
白米…20克　　　香油…少許
蔥末…3克

做法
① 燕麥、白米洗淨，白米浸泡30分鐘；高麗菜洗淨，切碎。
② 鍋置火上，倒入適量清水燒開，放白米、燕麥大火燒開後轉小火煮成稀粥，加高麗菜煮至斷生，加鹽和雞精，淋香油，撒蔥末即可。

特別提醒
腹瀉者不宜食用。高麗菜放置久了容易營養流失，所以應該現吃現買。

什錦糙米粥

通便排毒
防治便祕

材料

糯米、糙米…各50克

紅蘿蔔、扁豆、

花椰菜、豬肉絲…各30克

香菇…2朵

高湯…500克

鹽…5克

雞精、胡椒粉…各適量

做法

① 所有材料洗淨，紅蘿蔔、扁豆、香菇切小丁，花椰菜掰成小朵，豬肉絲用鹽、胡椒粉拌勻，糙米、糯米浸泡4小時。

② 鍋內倒高湯和適量清水燒沸，放糙米、糯米，大火煮沸後轉小火煮30分鐘，放餘下材料煮熟，加鹽、雞精即可。

糯米、糙米、紅蘿蔔、扁豆、花椰菜、香菇都富含膳食纖維，可促進腸道蠕動，有通便防癌、改善便祕的功效。

這些食材一起煮食，不僅營養滋補，還可有效防治便祕，改善胃腸功能。

特別提醒

皮膚搔癢者不宜食用，否則會加重症狀。在烹飪花椰菜之前，先將其放入鹽水中浸泡幾分鐘，以去除殘留的農藥和菜蟲。

紅薯粥

潤腸
通便

材料

白米…50克

紅薯…75克

做法

① 白米淘洗乾淨，加水浸泡；紅薯洗淨去皮，切滾刀塊。

② 鍋置火上，倒入適量清水煮沸，將米倒入其中，大火煮沸，放入紅薯塊，轉至小火熬煮20分鐘即可。

紅薯中含有大量不易被消化酶破壞的纖維素和果膠，能刺激消化液分泌、促進腸胃蠕動，發揮通便作用。

特別提醒

腹瀉患者和糖尿病患者不宜食用。紅薯吃後有時會發生胃灼熱、吐酸水、肚脹排氣等現象，但只要一次不食用過多，而且和米麵搭配，並輔以鹹菜或喝點菜湯即可避免。

芹菜香菇粥

幫助消化

材料

白米⋯100克	枸杞⋯5克
芹菜⋯50克	鹽⋯3克
水發香菇⋯5朵	雞精⋯少許

做法

① 芹菜洗淨切丁；香菇洗淨，去蒂，切丁；白米洗淨，浸泡30分鐘。

② 鍋內倒水燒開，倒入白米煮熟。

③ 另取鍋置火上，倒油燒至六分熱，倒入芹菜丁、香菇丁翻炒，待出香味時，和枸杞一起加入白米粥中煮熟，最後放鹽、雞精調味即可。

芹菜的膳食纖維含量極其豐富，可以增進食慾、促進排便，與可調節人體新陳代謝的香菇搭配，能夠幫助消化，防治便祕。

特別提醒

烹調空心芹菜時不宜切絲，最好加工成段。

芋頭香粥

潤燥通便

材料

白米、芋頭、豬瘦肉⋯各50克

蔥末、料酒⋯各5克

鹽3克，香油、雞精、胡椒粉⋯各適量

做法

① 芋頭去皮，洗淨，汆燙，撈出切塊；豬瘦肉洗淨，切小丁；白米淘洗乾淨，放入沸水中煮成稀粥。

② 鍋置火上，倒入香油燒熱，下入豬瘦肉丁炒熟，烹入料酒。

③ 將豬瘦肉丁放入粥鍋中，加入芋頭塊熬煮，待米粥黏稠，調入鹽、雞精，撒上蔥末、胡椒粉即可。

芋頭富含膳食纖維，可促進腸道蠕動；豬瘦肉富含蛋白質、脂肪、鈣、鐵、磷等，能滋陰潤燥、防治便祕。二者和白米煮食，可潤腸通便、滋陰潤燥。

特別提醒

糖尿病患者不宜食用。

推薦五穀

黃豆

可以為身體補充維他命。

糯米

補中益氣、止瀉。

扁豆

適用於暑濕型腹瀉。

蠶豆

適用於脾虛型腹瀉。

腹瀉

宜食 ✓

● 注意維他命 B 群和維他命 C 的補充，可多喝鮮橘汁、果汁、番茄汁、菜湯等。

● 應給予高蛋白、高熱量飲食，每天供給蛋白質100克左右。

● 少量多餐，以利於消化。適當限制含粗纖維多的蔬菜、水果等。

忌食 ✗

● 忌食刺激性食物，如辣椒、烈酒等。忌食肥肉、堅硬及油脂多的點心及冷飲。

關鍵營養素

維他命：補充因腹瀉而流失的維他命。

蛋白質：補充身體所消耗的能量。

鈣：幫助糞便成形。

其他推薦食材

芡實、莧菜、番茄、山藥、蓮子、蘋果、荔枝、石榴、烏梅、榛子、栗子、鍋巴、鵪鶉蛋、烏骨雞、馬齒莧、草莓、荷葉、茶葉、胡椒、花椒、生薑、肉桂。

材料
紅豆…60克
白米…40克
荔枝…50克
白糖…5克

做法

① 紅豆洗淨，用水浸泡4小時；白米淘洗乾淨，用水浸泡30分鐘；荔枝去皮，去核。

② 鍋置火上，倒入適量清水煮沸，放入紅豆，用大火煮沸後改用小火熬煮，加入白米煮至軟爛，再加入荔枝略煮，放入白糖調味即可。

荔枝紅豆粥

適合
脾虛型
腹瀉

特別提醒

尿頻者不宜多食。糖尿病患者及過敏者、低血糖病人不宜吃。荔枝一次不宜食用太多，否則會導致便祕、上火。

荔枝的蛋白質和維他命含量都很豐富，常被用於脾虛型腹瀉的輔助調養。與補血益氣的紅豆搭配煮食可以輔助治療腹瀉。

莧菜能收斂止瀉，與玉米搭配煮食，適用於濕熱型腹瀉。

莧菜玉米粥

促進
糞便成形

材料

玉米粉…50克

莧菜…25克

鹽…適量

做法

① 玉米粉放入碗中，用温水調成糊；莧菜擇洗乾淨，入沸水略為汆燙，撈出，切碎。

② 鍋置火上，放水燒開，倒入玉米麵糊，略滾後轉小火煮至黏稠，放入莧菜碎，不停攪拌，熬煮約5分鐘，加鹽調味即可。

番茄含有豐富的維他命，與營養同樣豐富的排骨搭配食用，可以補充因腹瀉而流失的營養。

番茄排骨粥

補充
維他命

材料

番茄、排骨…各150克

白米…100克

蔥末、香菜末…各10克

鹽…3克

香油…適量

做法

① 番茄去皮和蒂，切塊；排骨剁成段，洗淨，用沸水汆燙去血水，撈出；白米淘洗乾淨，用水浸泡30分鐘。

② 鍋置火上，倒入適量清水燒開，下入白米和排骨，煮至米粒九分熟，加番茄煮熟，加鹽調味，撒上蔥末和香菜末，淋上香油即可。

特別提醒

脾胃虛寒者不宜食用。將洗淨的番茄放入沸水中燙一下，再浸入冷水中，用刀在頂上劃一個十字，可輕鬆地剝掉外皮。

推薦五穀

大麥

健脾消食，止渴利便。

白米

補脾養胃，滋養強壯。

糯米

健脾養胃，補中益氣。

小米

補氣健脾，養胃安眠。

宜食 ✓

- 宜選擇營養價值高、細軟易消化的食物，如牛奶、雞蛋、豆漿、魚、瘦肉等。
- 選擇富含維他命B群、維他命A和維他命C的食物。
- 在潰瘍癒合期要吃高熱量、高蛋白質的飲物。
- 保持少食多餐的良好飲食習慣，不可暴飲暴食。

忌食 ✗

- 忌食辛辣和產氣、產酸的食物。
- 要少吃生冷或性寒的食物。

關鍵營養素

維他命A：對消化系統有保護作用。

維他命U：能夠加速潰瘍癒合。

果膠：保護胃腸黏膜，促進潰瘍癒合。

其他推薦食材

雞蛋、豆漿、豆腐、雞肉、魚肉、瘦肉、奶油、奶酪、奇異果、番茄、棗、綠花椰菜、三七、蒲公英、酵母。

茶葉白米粥

材料
白米…100克
茶葉…10克
鹽…4克

做法
① 白米淘洗乾淨，浸泡30分鐘；茶葉用紗布包好。
② 鍋置火上，加適量清水燒沸，放入茶葉包，當煮到茶香四溢、茶色明顯時，取出茶葉包往茶湯中倒入白米，用大火煮沸，轉小火煮至米爛粥稠，加鹽調味。

茶葉中的茶多酚、維他命和礦物質都很豐富，這些能夠清熱解毒、消食通便，幫助腸胃消化。白米是滋養強壯、補脾養胃的佳品，二者搭配煮用，可有效防治消化不良。

特別提醒

茶葉有好多種，如綠茶、紅茶、黃茶等，煮粥時可根據自己的喜好進行選擇。

山藥糯米枸杞粥

澱粉酶豐富的山藥，可以暖胃，保護胃腸黏膜，與含有多種維他命的枸杞一起煮食可對抗消化不良。

材料
山藥…100克
糯米…50克
枸杞…少許

做法
① 糯米淘洗乾淨，用清水浸泡4小時以上，放入沸水鍋中大火煮沸，改小火熬煮。
② 山藥去皮、切丁，待粥熬成時放入粥中，熬煮軟爛後，再加入洗淨的枸杞即可。

保護胃腸黏膜

特別提醒
便祕者不宜食用。

花生仁小米粥

有「黃金粉」美稱的小米，是補氣健脾、消積止瀉的能手，與可以養血和胃的花生配搭煮食，對消化不良有顯著的食療作用。

材料
花生仁…30克
小米…100克

做法
① 花生仁洗淨，泡3小時；小米淘洗乾淨。
② 鍋置火上，加適量清水煮沸，把小米、花生仁一同放入鍋中，大火煮沸，轉小火繼續熬煮至黏稠即可。

特別提醒
肥胖者不宜食用。

健脾和胃

推薦五穀

白扁豆

抗菌消炎。

小米

暖胃、安神。

蓮子

滋養腸胃。

大麥

防治慢性腸胃炎。

宜食 ✓

● 多吃些高維他命的食物,如綠葉蔬菜、番茄、茄子、紅棗等。主食要以麵食為主。

忌食 ✗

● 芋頭、糯米等黏膩、難消化的食物,要少吃為宜。

● 避免有強烈刺激性的食物,如辣椒、洋蔥、咖喱、胡椒粉、芥末粉、濃咖啡等。

● 酒精對胃黏膜有刺激作用,會損傷胃黏膜的防禦機制,故應忌酒。

關鍵營養素

膳食纖維:可促進胃腸蠕動,加速消化,清除體內廢物。

維他命 C:對胃有保護作用,發揮保護胃部和增強胃部抗病的能力。

蛋白質:能夠保持脾胃健康。

其他推薦食材

牛奶、雞蛋、魚、瘦肉、南瓜、木瓜、百合、山藥、紅棗、大蒜、花椰菜。

紅蓮子大麥粥

保護胃黏膜

材料

水發紅蓮子、大麥仁、白米…各50克

做法

① 水發紅蓮子、大麥仁、白米淘洗乾淨。

② 將所有材料放入壓力鍋中，加適量清水，用大火燒開，轉小火煮20分鐘，關火後再燜10分鐘。

特別提醒

紅蓮子在煮粥前要完全泡發開，否則不易煮熟。

大麥對慢性胃炎、消化不良等病症有很好的輔助治療效果。此外，大麥還富含維他命B群，可以保護胃黏膜，提高胃黏膜的抵抗力。

馬鈴薯含有大量的澱粉以及維他命B群、維他命C等，有很好的健脾養胃功效，與蜂蜜搭配可以維護胃部健康。

蜂蜜馬鈴薯粥

保護胃健康

材料

馬鈴薯…250克

白米…100克

蜂蜜…10克

做法

① 馬鈴薯削皮，切碎；白米淘洗乾淨，浸泡30分鐘。

② 鍋置火上，放入馬鈴薯碎和白米，煮至黏稠時，關火涼至溫熱，加入蜂蜜，攪拌均勻。

小米入脾胃經，有健脾養胃的功效。與蛋白質含量豐富的牛奶搭配煮食，可以保護胃部健康。

牛奶小米粥

和胃養胃

材料

白米、小米…各30克

牛奶…半袋

白糖…適量

做法

① 白米、小米分別淘洗乾淨，白米浸泡30分鐘。

② 鍋置火上，加適量清水煮沸，分別放入白米和小米，先用大火煮至米漲開，倒入牛奶繼續煮，再次煮沸後，轉小火熬煮，並不停攪拌，加白糖，一直煮到米粒爛熟。

特別提醒

乳糖不耐者不宜食用。喝這道粥時，最好不要吃韭菜等含草酸的食物，否則會影響牛奶中鈣的吸收。

痛經

推薦五穀

小米

滋陰養血。

黑豆

緩解下腹部陰冷。

紅豆

補充氣血。

蓮子

暢通氣血。

宜食 ✓

● 適當吃些酸味食物，如酸菜、醋等，有緩解疼痛的作用。

● 宜常吃補氣血、補肝腎的食物，如雞肉、魚類、雞蛋、牛奶、豆類、動物肝腎等。

● 適當多吃些蜂蜜、香蕉、芹菜、紅薯等有利於保持大便通暢的食物。

忌食 ✗

● 避免咖啡、巧克力等富含咖啡因的食物和過甜、過鹹的垃圾食物，還要避免一切不易消化和刺激性的食物，如辣椒、生蔥、生蒜、胡椒、酒等。

關鍵營養素

維他命 B6：預防貧血。

維他命 C：促進生血機能。

鐵：補充月經期間流失的鐵質。

其他推薦食材

牛奶、豆類、蝦皮、蛋類、穀類胚芽、堅果、花生油、香油、紅糖、山楂、薑、紅棗、動物肝臟、紅蘿蔔、紫菜、海帶、木耳。

材料
白米…100克
玫瑰花瓣…30克
冰糖、蜂蜜…各適量

做法
① 玫瑰花瓣洗淨,取幾瓣細細
　切碎,剩餘的用水浸泡;白
　米洗淨,浸泡30分鐘。
② 鍋置火上,倒入適量清水燒
　開,放入白米大火煮沸,轉
　小火熬煮20分鐘。
③ 將玫瑰花瓣碎末、冰糖放入
　粥中,繼續慢火熬煮10分
　鐘,撒上其餘花瓣,關火,
　晾至溫熱,加入蜂蜜即可。

玫瑰香粥

緩解痛經

玫瑰花有很好的理氣和血功效,
能有效改善女性痛經、
月經不調等症狀,
和白米一起煮粥食用,
具有健脾養胃、
和血調經的功效。

益母草白米粥

活血化瘀

材料
白米…100克
益母草…30克
紅糖…10克

做法
① 益母草清洗乾淨；白米淘洗乾淨，用水浸泡30分鐘。
② 鍋置火上，倒益母草和清水，熬煮約30分鐘，去渣留汁，放白米，改小火熬煮至粥黏稠，加紅糖調味即可。

益母草是活血調經的良藥，對女性月經不調有治療作用，與可以益氣補血、活血化瘀的紅糖搭配煮食，非常適合月經不調、痛經的女性。

黑豆蛋酒粥

活血化瘀

材料
黑豆、米酒…各100克
雞蛋…2顆
白糖…適量

做法
① 黑豆洗淨，浸泡2小時；雞蛋帶殼洗淨。
② 鍋置火上，將黑豆、雞蛋放入鍋中，加適量清水，用小火煮至雞蛋熟，取出，去殼。
③ 待黑豆爛熟，加入白糖，將雞蛋再放入鍋中，倒入米酒煮沸。

特別提醒
煮雞蛋時，可先將雞蛋放入冷水中浸泡一下，再放入熱水裡煮，這樣煮好的雞蛋殼不會破裂，還易於剝殼。

黑豆是非常適合女性食用的食物，中醫認為有活血、烏髮、抗衰的功效。搭配可行氣活血、化瘀止痛的米酒一起食用，可緩解痛經。

推薦五穀

小米

色氨酸含量豐富，可促進睡眠。

蓮子

有鎮靜作用，可以使人產生睏倦感。

核桃

改善睡眠質量。

豆類

改善因缺鈣引起的失眠。

失眠

宜食 ✓

- 選用含鈣和纖維素較多的食物，如奶類和蔬菜。
- 多吃蔬菜和水果，多補充蛋白質。
- 攝取足量的維他命 C，如多吃葡萄等水果。
- 適當補充鋅、鐵、錳等微量元素。

忌食 ✗

- 少吃含草酸多的食物，如菠菜、莧菜等。
- 忌食帶刺激性、興奮性的食物，如辛辣食物。

關鍵營養素

色氨酸：能夠促進失眠。

維他命 B 群：能夠穩定情緒，減少夜間醒來的次數。

鈣、鎂：疏解壓力，放鬆鎮靜。

其他推薦食材

球狀萵苣、香蕉、豆製品、洋蔥、葵花子、蜂蜜、桂圓、百合、紅棗、牛奶。

糯米小麥粥

小麥中的糖類、維他命B1和蛋白質等都非常豐富，能夠養心安神、除煩止渴，搭配花生仁、糯米食用，適合於心煩氣躁、睡眠不佳者。

安神去燥

材料

糯米、小麥米…各30克

花生仁…15克

做法

① 小麥米、糯米分別淘洗乾淨，小麥米用水浸泡1小時，糯米用水浸泡4小時；花生仁洗淨，用水浸泡4小時。

② 鍋置火上，倒入適量清水燒開，放入小麥米、花生仁大火煮沸，放入糯米，轉小火熬煮30分鐘，至米爛粥熟即可。

特別提醒

此粥要煮到米爛粥稠時才會發揮其食療作用；出鍋前若放入適量紅棗，可以提高粥的滋補功效。

黃鱔小米粥

小米中色氨酸含量豐富，常吃可以安眠養神，改善睡眠質量，與黃鱔搭配煮食可以通過調養氣血來改善失眠。

養血安神

材料

小米…100克

黃鱔…80克

鹽…4克

薑絲、蔥花…各少許

做法

① 小米淘洗乾淨；黃鱔去頭和內臟，洗淨，切段。

② 鍋置火上，倒入適量清水煮沸，放入小米煮約15分鐘，放入黃鱔段、薑絲，轉用小火熬至粥黏稠，加鹽、蔥花調味即可。

特別提醒

黃鱔最好現烹現殺，不要吃死黃鱔。

材料
小米…50克
綠豆、白米…各30克

做法
① 白米、小米分別淘洗乾淨，白米用水浸泡30分鐘；綠豆洗淨，提前一晚浸泡，放入蒸鍋中蒸熟。
② 鍋置火上，倒入適量清水燒開，放入白米、小米，大火煮沸後改用小火煮30分鐘，加入蒸好的綠豆，稍煮片刻即可。

小米綠豆粥

除煩助眠

小米富含色氨酸，可養心、安神、助眠，特別適合失眠及睡眠質量不好者食用，搭配清熱降火的綠豆，尤其適合肝火過旺而導致的睡眠不佳者。

推薦五穀

小米
含有豐富的維他命 B 群。

綠豆
清熱解毒，有效降火。

燕麥
有利於口腔黏膜的健康。

白扁豆
有較強的抗菌解毒作用。

口腔潰瘍

宜食 ✓

- 飲食宜以清淡、溫熱、稀軟為主，可食用各種稀粥、蛋花湯、菜湯、豆腐等。

- 主食應做到粗細搭配、葷素搭配。

- 多進食糙米、瘦肉、奶類、堅果類食物。

- 每天至少飲8 杯水，每杯200 毫升。

忌食 ✗

- 忌食粗纖維蔬菜、多渣水果，這些食物會增加患者的疼痛。

- 忌食辛辣刺激的食物，如榨菜、辣醬、大蒜、芥末等。

關鍵營養素

維他命B2：促進潰瘍面癒合。

維他命C：保護黏膜組織，防止潰瘍復發。

鋅：加速傷口癒合。

其他推薦食材

白蘿蔔、番茄、蛋類、動物內臟、堅果、奇異果、牡蠣。

薺菜含有一種有效的止血成分，名為薺菜酸，能夠縮短出血和凝血時間，與維他命B群含量豐富的小米搭配，對口腔潰瘍和口角生瘡有很好的食療作用。

薺菜小米粥

材料
小米…100克
薺菜…50克

做法
① 小米淘洗乾淨。
② 薺菜洗淨，切碎。
③ 鍋置火上，倒入適量清水燒開，放入小米，用大火煮沸後轉用小火熬煮，將熟時加入薺菜碎，煮沸即可。

加快傷口癒合

蒲公英綠豆粥

防治口腔潰瘍

材料
乾蒲公英…30克
白米…50克
綠豆…20克
白糖…10克

做法
① 乾蒲公英用水泡軟，洗淨，切碎；綠豆洗淨，用水浸泡2小時；白米淘洗乾淨，用水浸泡30分鐘。
② 鍋置火上，倒入適量清水燒開，放入蒲公英碎，大火燒沸，改用小火煮10～15分鐘，去渣留汁，加入綠豆和白米煮至熟爛，最後調入白糖即可。

蒲公英可以清熱解毒、消腫散結，常被用來去火，對口腔潰瘍、口舌生瘡等有一定的輔助治療作用；綠豆也具有清熱解毒的功效，二者一同煮粥食用，有助於防治口腔潰瘍。

綠豆菜心粥

去火

材料
綠豆…25克
玉米…30克
白菜心、白米…各100克
鹽…適量

做法
① 綠豆淘洗乾淨，浸泡1小時；玉米淘洗乾淨，浸泡4小時；白菜心洗淨，切段；白米淘洗乾淨。
② 鍋置火上，加適量清水煮沸，放入綠豆、白米，用大火煮沸，10分鐘後放入玉米，轉小火熬煮至黏稠，放入白菜心段再煮約2分鐘，加鹽調味。

特別提醒
腎氣不足、腰疼的人不宜多食。

綠豆性涼，有清熱解毒、去火止渴的功效，對因上火而引起的口腔潰瘍有輔助治療的作用。搭配維他命C含量豐富的白菜心食用，既可以去火，又可以促進傷口癒合。

推薦五穀

燕麥

能降低膽固醇和三酸甘油酯。

糙米

防止脂肪堆積。

白米

含有蛋白質，能促進脂肪
分解。

豆類

含有膳食纖維、蛋白質等，
能有效降膽固醇。

脂肪肝

宜食 ✓

● 適量食用高蛋白食物，每日攝入蛋白質100克左右。

● 通過新鮮蔬菜和水果攝取充足的維他命。

● 供給足量的礦物質和膳食纖維。

● 充分飲水，不可用飲料、牛奶、咖啡代替。

● 飲食宜低糖、低脂、低膽固醇，禁食蔗糖、果糖、葡萄糖和含糖較多的糕
點、飲料。

忌食 ✗

● 忌食動物內臟、動物油等。

關鍵營養素

蛋白質：減少肝內脂肪沉積。

膳食纖維：增加膽汁分泌，促進脂肪
排出體外。

藜蘆醇：天然的降脂藥物。

其他推薦食材

豆腐、腐竹、瘦肉、魚蝦、
脫脂牛奶、牛肉、雞蛋、葡
萄、海藻、韭菜、茶葉、冬
瓜、粗糧。

材料
菠菜、小米…各100克
枸杞…15克

做法
① 菠菜擇洗乾淨，汆燙撈出，切小段；小米、枸杞洗淨。
② 沙鍋置火上，倒入適量清水燒開，放入小米，大火煮沸後改用小火熬煮15分鐘，放入枸杞煮至小米酥爛，下入菠菜段攪勻煮沸即可。

菠菜枸杞粥

養肝
明目

菠菜是潤燥滑腸、養肝明目的能手，因其含有豐富的類胡蘿蔔素、維他命C等，與能滋補肝腎、益精明目、抗脂肪肝的枸杞搭配，可以養肝護肝，並對脂肪肝有較好的食療作用。

金槍魚粥

降低肝臟發病率

金槍魚含有豐富的高度不飽和脂肪酸，這種脂肪酸是「祛病延年」的法寶，能夠使人體內膽固醇的含量降低，強化肝臟功能，降低肝臟發病率。

材料

白米…150克

金槍魚肉…100克

蔥末…10克

薑末…5克

料酒…5克

鹽…4克

胡椒粉、香油…各少許

做法

① 白米淘洗乾淨；金槍魚肉挑淨細小的魚刺，洗淨，切末。

② 鍋置火上，倒入足量的清水大火燒開，倒入白米小火煮至八分熟，放入蔥末、薑末和魚肉煮至米粒熟爛的稠粥，加鹽、料酒和胡椒粉調味，淋上香油即可。

特別提醒

白米的淘洗次數不宜過多，否則會造成營養流失。

皮蛋蝦仁粥

修復肝細胞

皮蛋經過強鹼的作用，使蛋白質及脂質分解，變得較容易消化吸收；蝦仁富含蛋白質，能發揮修復肝細胞、促進肝細胞再生的作用。

材料

白米…100克

蝦仁…50克

皮蛋…1顆

蔥末、鹽…各適量

做法

① 白米淘洗乾淨，用水浸泡30分鐘；蝦仁洗淨，挑去蝦線，切丁；皮蛋剝殼，切丁。

② 鍋置火上，倒入適量清水燒沸，倒入白米，大火煮沸後轉小火熬煮至八分熟，加入蝦仁丁和皮蛋丁，繼續煮至粥熟，最後加蔥末和鹽調味即可。

推薦五穀

紅豆

補血，女性經期吃些紅豆能補血行氣。

小米

滋陰養血。

黑米

補血明目。

花生

補血止血。

缺鐵性貧血

宜食 ✔

● 應適量多吃些含鐵豐富的食物，如動物肝臟、豬血、瘦肉、蛋黃等。

● 改變長期偏食和素食的飲食習慣。

● 攝入足量的蛋白質，特別是優質蛋白。

忌食 ✘

● 不宜過量飲用牛奶，因為牛奶中所含的磷會影響人體對鐵的吸收。

● 少吃含草酸的食物，如菠菜、莧菜、巧克力、空心菜、茭白等。

關鍵營養素

鐵：改善缺鐵性貧血

維他命 B 群：紅血球發育不可缺少的物質。

蛋白質：構成紅血球和血紅蛋白的物質基礎。

維他命 C：促進鐵的吸收。

其他推薦食材

動物肝臟、動物血、蛋黃、瘦肉、紅糖、油菜、菠菜、紅蘿蔔、薺菜、山楂、魚蝦、豆製品。

材料
新鮮豬肝…50克
白米…100克
菠菜…30克
鹽…5克
雞精…少許

特別提醒
高血壓、冠心病、肥胖症
及血脂高的人不宜食用。

做法
① 豬肝沖洗乾淨，切片，入鍋汆燙，撈出瀝水；菠菜洗淨，汆燙，切段；白米淘洗乾淨，用水浸泡30分鐘。
② 鍋置火上，倒入適量清水燒開，放入白米大火煮沸後改用小火慢熬。
③ 煮至粥將成時，將豬肝放入鍋中煮熟，再加菠菜稍煮，然後加鹽、雞精調味即可。

豬肝菠菜粥

預防
缺鐵性
貧血

豬肝和菠菜都含有豐富的鐵，是預防缺鐵性貧血、改善貧血症狀的良好食材。

牛肉小米粥

牛肉是養五臟、益氣血的佳品，非常適合貧血、久病的人食用。與維他命B群豐富的紅蘿蔔一起搭配小米食用，補血效果更好。

材料
小米…100克
牛肉…50克
紅蘿蔔…10克
薑末、鹽…各適量

做法
① 小米淘洗乾淨；牛肉洗淨，切碎；紅蘿蔔洗淨，去皮，切丁。
② 鍋置火上，加適量清水燒沸，放入小米、牛肉碎、紅蘿蔔丁，大火煮沸後轉小火煮至小米開花，加入薑末煮沸，加鹽調味即可。

益氣補血

豬血白米粥

豬血的含鐵量豐富，可以改善因貧血而導致的面色蒼白，與營養豐富的腐竹搭配，不但可以改善貧血症狀，還可以增強體質。

材料
白米、豬血條…各100克
水發腐竹段…35克
蔥末、醬油…各5克
鹽…4克
胡椒粉…少許

做法
① 白米、豬血條、水發腐竹段分別洗淨。
② 鍋置火上，倒入清水大火煮沸，加白米煮開，放入腐竹煮至粥將熟，再放入豬血煮熟，加入鹽、醬油調味，撒入蔥末、胡椒粉即可。

改善膚色

特別提醒
肝病、高血壓和冠心病患者不宜食用。

紅豆花生紅棗粥

滋陰補血

紅豆的維他命B群、鐵等含量都很豐富，有補血的作用。搭配同樣含有豐富維他命和鐵的花生、紅棗食用，具有很好的滋陰補血功效。

材料

白米、紅豆、花生仁…各50克
紅棗…15克
紅糖…10克

做法

① 紅豆、花生仁分別洗淨，紅豆浸泡2小時，花生仁浸泡4小時；紅棗洗淨，去核；白米洗淨，浸泡30分鐘。

② 鍋置火上，加適量清水燒沸，放紅豆、花生仁、紅棗大火煮沸，加白米，用小火慢熬至粥成，加紅糖即可。

特別提醒

花生仁不易消化，食用時最好細嚼慢嚥，以免增加腸胃負擔。

紅棗桂圓粥

改善貧血症狀

有龍眼之稱的桂圓可益心脾、補氣血。與眾所周知的補血佳品紅棗搭配食用，可發揮良好的滋養補益作用，不僅能改善貧血，還適用於因氣血不足而引起的失眠。

材料

桂圓…20克　　糯米…100克
紅棗…15克　　紅糖…適量

做法

① 糯米淘洗乾淨，用冷水浸泡1小時，瀝乾水分；桂圓肉去雜質，洗淨；紅棗洗淨，去核。

② 鍋置火上，加入適量冷水和桂圓、紅棗，用中火煮沸，加入糯米，用大火煮沸，再用小火慢煮成粥，加入適量紅糖即可。.

特別提醒

糖尿病患者、水腫患者不宜食用。煮粥時可以將紅棗破開，分為3～5塊，這樣有利於營養吸收。

第七章
簡單好吃的佐粥小菜

材料

大白菜…500克

牛肉清湯…150毫升

白蘿蔔…50克

蘋果…25克

梨…25克

蔥、大蒜、鹽、辣椒面、雞精…各適量

做法

① 大白菜去除根和外面一層，用清水沖洗乾
   淨，瀝乾水分，用刀切成4瓣，放入盆內，
   撒上鹽醃漬4～5小時；白蘿蔔去根、鬚、
   皮，切薄片，用鹽醃至出水；蘋果、梨子洗
   淨，去皮除核，切片；蔥擇洗乾淨，切碎；
   蒜去皮，洗淨，搗成蒜泥。

② 取盛器，放入蘋果、梨、牛肉湯及所有輔料
   攪拌均勻，製成滷汁；取一個乾淨無水、無
   油的泡菜罈子，將醃漬好的大白菜、白蘿蔔
   瀝去醃水，放入罈內，倒入滷汁，上面用一
   洗淨並消過毒的大石塊壓緊，封嚴罈口，在
   陰涼通風處放置3～7天即可取出食用。

韓國泡菜

簡易拌菜和泡菜

香菜拌蜇皮

材料
海蜇皮…150克
香菜…50克
陳醋、白糖、蒜末、鹽、
雞精、芝麻油…各適量

做法
① 海蜇皮放入清水中浸
　泡，除去多餘鹽分，
　洗淨，切絲，放入沸水
　中大火汆透，撈出瀝乾
　水分備用；香菜擇洗乾
　淨，切段。
② 取小碗，放入陳醋、白
　糖、蒜末、鹽、雞精和
　芝麻油攪拌均勻，對成
　調味汁。
③ 取盤，放入蜇皮絲和香
　菜段，淋入調味汁拌勻
　即可。

特別提醒
1. 拌製時可根據個人口味加入
　少許醋，味道也很爽口。
2. 用刀切皮蛋容易黏刀，可
　用洗淨的線繩切。

皮蛋豆腐

材料
豆腐…400克
皮蛋…1顆
香蔥末…10克
淡醬油…5克
鹽…3克

做法
① 豆腐洗淨；皮蛋去皮切
　小丁。
② 豆腐放入盤中，加淡醬
　油、鹽、香油、皮蛋碎
　拌勻，撒香蔥末即可。

腐竹拌蹄筋

材料
腐竹…25克
蹄筋…100克
香菜段、辣椒油、 芝麻油、
醬油、雞精、熟芝麻、鹽、
白糖、花椒粉、 醋、 薑末、
蒜泥…各適量

做法
① 腐竹用清水泡發，洗淨，放入
　沸水中汆燙30～40秒，撈出，
　瀝乾水分，涼涼，切段；蹄筋
　用清水泡發，洗淨，放入沸水
　中汆燙60秒，撈出，瀝乾水
　分，晾涼，切段。
② 取小碗，放入辣椒油、醬油、
　雞精、熟芝麻、芝麻油、鹽、
　白糖、薑末、蒜泥、醋、花椒
　粉攪拌均勻，製成調味汁。
③ 取盤，放入腐竹、蹄筋、香菜
　段，淋入調味汁拌勻，一道開胃
　下飯的腐竹拌蹄筋就做好了。

涼拌紅蘿蔔乾

特別提醒

將紅蘿蔔切連刀薄片，直接晾晒至蔫軟
（約10～15小時），紅蘿蔔的晾晒是口
感的關鍵。拌製時，紅油可稍多一點，
使成菜滋潤柔脆。為了更好吃，更有滋
味，煉製紅油時可加部分香料賦味。

材料
紅蘿蔔乾…100克
芝麻…15克
雞精、醬油、辣椒油、
鹽、花椒粉、芝麻油、
白糖…各適量

做法
① 將紅蘿蔔乾洗淨，切成長1公
　分的節；芝麻炒熟。
② 將紅蘿蔔乾盛入拌料碗內，
　放鹽、白糖、雞精、醬油、
　辣椒油、芝麻油、花椒粉拌
　勻；再放入熟芝麻拌勻裝盤
　即可。

美味蒸菜和炒菜

蒜蓉綠花椰菜

材料

綠花椰菜…300克
蒜蓉…20克
鹽、白糖…各5克
太白粉水…適量
味精、香油…各少許

做法

① 綠花椰菜洗淨，掰成小塊。
② 鍋置火上，倒入清水燒沸，將綠花椰菜下鍋汆燙一下撈出。
③ 鍋內放油，燒至六分熱，把蒜末下鍋爆香，倒入綠花椰菜，加鹽、白糖翻炒至熟，用太白粉水勾芡，點味精、香油調味即可。

特別提醒

綠花椰菜具有顯著的抗癌防癌功效。

材料
蛤蜊⋯12粒
雞蛋⋯2顆
薑片、鹽、香蔥末⋯各5克
料酒⋯10克

做法
① 蛤蜊用鹽水浸泡，吐淨泥
　 沙，放入加薑片和料酒的沸
　 水中燙至殼開，撈出。
② 雞蛋磕開，打散，雞蛋液加
　 水攪勻，加蛤蜊，蒸10分
　 鐘，撒香蔥末即可。

蛤蜊蒸蛋

材料
鱖魚⋯1條
潮汕鹹梅⋯6顆
香芹末⋯10克
蔥段、薑末、紅辣椒碎⋯各20克
白糖⋯5克

做法
① 鱖魚治淨，打花刀；鹹梅去
　 核，搗碎。
② 將鹹梅塗抹在魚身上，放蔥
　 段、薑末、辣椒末和白糖，
　 蒸7分鐘至魚眼凸起關火。
③ 將切碎的香芹末撒在魚身
　 上，淋上熱油即可。

鹹梅蒸魚

材料

蓮藕…400克
青椒、紅椒…各80克
清湯、白糖…各10克
白醋…5克
太白粉水…15克
鹽…4克
花椒…1克
香油…適量

做法

① 蓮藕去皮，洗淨，切薄片，
用涼水沖泡一下，撈出，瀝
乾；青椒、紅椒洗淨切絲。
② 鍋置火上，放油燒熱，花椒
粒下鍋炸香後撈出不要，放
入藕片略炒，烹入白醋，加
白糖、鹽，加清湯燒至湯汁
濃稠時，放入青椒絲、紅椒
絲翻炒，用太白粉水勾芡，
淋香油即可。

糖醋藕片

材料

草菇…200克
番茄塊…50克
蔥末、薑末、鹽…各3克
太白粉水…適量

做法

① 草菇洗淨，切成兩半。
② 鍋內倒油燒熱，爆香薑末，
倒草菇翻熟，加鹽，倒番茄
翻勻，太白粉水勾芡，撒蔥
末即可。

番茄炒草菇

醇味醬滷

滷水雞肫

材料
雞肫…350克
鹽、料酒、醬油、冰糖糖色、
大蔥、八角、三萘、鮮湯、
薑、乾花椒、乾辣椒、香葉、
桂皮、草果…各適量

做法
① 雞肫刮洗乾淨，入鍋汆燙，撈出。
② 鮮湯入鍋燒沸，加入拍破的薑、大蔥，加
鹽、醬油、料酒、冰糖糖色、八角、香葉、
桂皮、草果、三 、乾辣椒、乾花椒，燒沸
後放入雞肫，大火煮至分熟後將鍋離火。
③ 待滷湯汁放涼後，撈出雞肫，切成薄片，擺
放在盤中即可。

五香豆腐乾

材料
豆腐乾…300克
生薑、大蔥、糖色、五香粉、
雞精、八角、芝麻油、鮮湯、
白糖、鹽…各適量

做法
① 生薑洗淨拍破；大蔥洗淨，切段。
② 鍋置大火上，放入植物油，加入
薑、蔥段炒香，加鮮湯、豆腐乾、
鹽、五香粉、八角、糖色、白糖，
改用小火慢慢收汁，待湯汁濃稠時
放入雞精，當豆腐乾內部入味後，
撈出豆腐乾加入芝麻油拌勻，切片
裝盤即可。

醬牛肉

材料

牛腱子肉…500克

蔥段、薑片、醬油、八角、白糖、
料酒、花椒、桂皮、鹽…各適量

做法

① 牛腱子肉洗淨,切成兩大塊;鍋置
火上,放入牛肉塊和適量冷水,大
火煮沸,轉中火煮10～15分鐘,撇
去血沫,撈出牛肉,瀝乾水分。

② 取淨鍋置火上,放入已經略煮過的
牛腱子肉,倒入適量溫水至完全沒
過肉面,放入所有輔料,蓋上鍋蓋
大火煮15～30分鐘,轉小火燉1小
時,離火,讓煮好的牛肉在鍋裡的
湯汁中浸泡12小時。撈出牛腱子
肉,在大碗上架一雙筷子,將肉放
在上面瀝水至表面乾爽,切片裝盤
即可。

麻辣滷蛋

材料

雞蛋…5顆

紅滷水、乾辣椒、乾花椒、
植物油…各適量

做法

① 將雞蛋在水中煮熟。

② 在紅滷水中加入乾辣椒和乾花椒慢
慢熬,待麻辣味濃郁時加入煮過的
雞蛋,小火滷15分鐘後停火,浸泡
入味後撈出,剝殼待用。

③ 鍋置火上,加入植物油,燒至七成
油溫時,將雞蛋放入,炸至表面金
黃時撈出,切好擺盤即可。

特別提醒

一定要選取新鮮雞蛋,如果雞蛋
不新鮮不飽滿,會不方便炸製。

精緻小點

南瓜雙色花捲

材料

去皮南瓜…130克

麵粉…550克

酵母粉…8克

水…180克

做法

① 去皮南瓜洗淨，切塊，蒸軟，用食品加工機打成泥，晾涼，或用杓子碾成泥備用。

② 將酵母粉均分兩份，分別加入30克溫水、120克水化開，為南瓜麵糰和白麵糰所用。

③ 南瓜泥加上酵母水和250克麵粉，和成麵糰，蓋濕布醒發至原體積2倍大，見有蜂窩狀。

④ 將麵粉300克加上酵母水，揉成白色麵糰，蓋濕布醒發至原體積2倍大，見有蜂窩狀。

⑤ 將發好的兩種麵糰分別揉搓均勻，至完全排氣；兩種麵糰分別桿成厚約4公厘的長方形大片，表面刷油。

⑥ 將兩塊麵片刷油的一面朝上，摞在一起，然後對折；切成寬約4公分的坯子，每個坯子中間再切一刀，不要切斷。

⑦ 取一個坯子，拿在手中拉長，並擰成麻花狀，用打結的方法做成花捲生坯。

⑧ 做好的花捲生坯蓋濕布醒發20分鐘；生坯放入涼水蒸鍋中，大火燒開後轉小火蒸15分鐘關火，3分鐘後開蓋取出即可。

材料

紅薯⋯500克
麵粉⋯100克
白糖⋯10克

做法

① 紅薯洗淨，切片，放沸水蒸鍋中大火蒸20分鐘至熟，取出趁熱用湯匙壓成泥，放入麵粉、白糖、適量清水，充分揉勻。
② 取適量薯泥用雙手先搓成丸子，再用雙掌拍打成餅狀。
③ 鍋置火上，倒油燒至八分熱，放入紅薯餅中火炸8分鐘，熄火後用鍋鏟將每個餅在鍋邊壓出油分，裝盤即可。

煎紅薯餅

材料

麵粉⋯120克	牛奶⋯45毫升
雞蛋⋯2個	蜂蜜⋯15毫升
砂糖⋯90克	紅豆沙餡⋯200克

做法

① 雞蛋提前從冰箱取出恢復至室溫，洗淨，磕入面盆中，倒入砂糖，用電動打蛋器打發至原體積的3～4倍。
② 在打發好的蛋液中淋入牛奶和蜂蜜拌勻，篩入麵粉，攪拌成沒有麵疙瘩的細膩麵糊，將面盆口罩上保鮮膜，靜置30分鐘。
③ 煎鍋置火上，舀入一湯杓的麵糊，攤成圓形，用小火煎至貼鍋底那面的麵糊定型，翻面略煎，盛出。
④ 待烙好的餅晾至溫熱，在餅身顏色稍淺的那一面塗抹上一層紅豆沙餡，取另一張餅，將餅身顏色稍淺的那面蓋在紅豆沙餡上。

銅鑼燒

材料

糯米粉…360克
黃油…45克
無筋麵粉、白糖…各60克
紅豆沙餡…250克
椰蓉…200克
植物油…少許

做法

① 黃油裝入碗中，漂浮在裝有70℃熱水的盆中，隔水融化；紅豆沙餡搓長條，切成28等分，分別揉圓。

② 取面盆，放入無筋麵粉，淋入120毫升清水攪拌均勻，倒入糯米粉、白糖，淋入熔化的黃油揉成表面光滑的麵糰。

③ 將麵糰等分成28份，逐個揉圓後按扁，包入1份豆沙餡，收好口後揉成圓球狀，製成糯米糰生坯，彼此留有空隙地擺放在塗抹上一層植物油的盤中。

④ 蒸鍋置火上，倒入適量清水，放上蒸簾，蓋上鍋蓋，待鍋中的水燒開，放入裝有糯米糰生坯的盤子，大火蒸10分鐘，取出逐個裹上一層椰蓉即可。

椰香糯米糰

材料

麵粉⋯120克	乾酵母⋯2克
去皮南瓜⋯140克	白糖⋯40克
雞蛋⋯1顆	

做法

① 去皮南瓜洗淨，去內瓤，蒸軟，用杓子碾成細膩的南瓜泥；麵粉、白糖、乾酵母放入麵粉中，再放入南瓜泥拌勻，加入適量溫水，用筷子攪勻成麵糊，加蓋醒發2小時。

② 在醒發好的麵糊中打入雞蛋，攪拌均勻。

③ 鍋內倒油燒熱，舀入一杓麵糊，轉動鍋使麵糊鋪滿鍋底，用小火將麵餅煎至底部金黃後翻面，另一面也煎成金黃色即可。

雞蛋南瓜軟煎餅

材料

牛肉餡⋯300克	料酒、白糖、雞蛋液、
麵粉⋯350克	胡椒粉、味精、醬油、
乾酵母⋯2克	蔥末、薑末⋯各適量
芝麻⋯5克	

做法

① 白糖用清水化開成糖水；牛肉餡中加鹽、料酒、雞蛋液、胡椒粉、醬油、味精、蔥末和薑末，攪拌均勻；乾酵母用溫水化開，加麵粉中攪勻，和成麵糰，加蓋醒發至原體積2倍大。

② 將發好的麵糰揉勻至完全排氣，搓條，切劑子，桿皮後包入餡料，收口。

③ 將包好的餡餅按扁，在餡餅表面刷糖水，蘸芝麻，用手將芝麻壓實。

④ 鍋燒熱，底部均勻地刷層油，將餡餅逐個放入鍋內，先將有芝麻的一面煎2分鐘，待一面煎黃後，再翻面加蓋煎另一面，煎4分鐘，最後再翻面煎1分鐘即可。

芝麻牛肉餡餅

五穀雜糧養生粥

作　　者：楊力

發 行 人：林敬彬

主　　編：楊安瑜

責任編輯：黃谷光

內頁編排：吳海妘

封面設計：彭子馨（Lammy Design）

出　　版：大都會文化事業有限公司

發　　行：大都會文化事業有限公司

　　　　　11051 台北市信義區基隆路一段 432 號 4 樓之 9

　　　　　讀者服務專線：（02）27235216

　　　　　讀者服務傳真：（02）27235220

　　　　　電子郵件信箱：metro@ms21.hinet.net

　　　　　網　　　　址：www.metrobook.com.tw

郵政劃撥：14050529 大都會文化事業有限公司

出版日期：2015 年 10 月初版一刷

定　　價：380 元

I S B N：978-986-5719-65-4

書　　號：Health$^+$77

國家圖書館出版品預行編目（CIP）資料

五穀雜糧養生粥 / 楊力 主編 . -- 初版 . -- 臺北市：大都會文化，2015.10

240 面；23×17 公分 --（Health$^+$77）

ISBN 978-986-5719-65-4（平裝）

1. 食譜 2. 禾穀 3. 飯粥

427.34　　　　　　　　　　　　　　　　　　104018774

大都會文化 讀者服務卡

書名：五穀雜糧養生粥

謝謝您選擇了這本書！期待您的支持與建議，讓我們能有更多聯繫與互動的機會。

日後您將可不定期收到本公司的新書資訊及特惠活動訊息。

A. 您在何時購得本書：_____ 年 _____ 月 _____ 日

B. 您在何處購得本書：_____ 書店（便利超商、量販店），位於 _____（市、縣）

C. 您從哪裡得知本書的消息：1. □書店2. □報章雜誌3. □電台活動4. □網路資訊

　　5. □書籤宣傳品等6. □親友介紹7. □書評8. □其他 _____

D. 您購買本書的動機：（可複選）1. □對主題和內容感興趣2. □工作需要3. □生活需要

　　4. □自我進修5. □內容為流行熱門話題6. □其他 _____

E. 您最喜歡本書的：（可複選）1. □內容題材2. □字體大小3. □翻譯文筆4. □封面

　　5. □編排方式6. □其他 _____

F. 您認為本書的封面：1. □非常出色2. □普通3. □毫不起眼4. □其他 _____

G. 您認為本書的編排：1. □非常出色2. □普通3. □毫不起眼4. □其他 _____

H. 您通常以哪些方式購書：（可複選）1. □逛書店2. □書展3. □劃撥郵購4. □團體訂購

　　5. □網路購書6. □其他 _____

I. 您希望我們出版哪類書籍：（可複選）1. □旅遊2. □流行文化3. □生活休閒

　　4. □美容保養5. □散文小品6. □科學新知7. □藝術音樂8. □致富理財9. □工商管理

　　10. □科幻推理11. □史地類12. □勵志傳記13. □電影小說14. □語言學習（ _____ 語）

　　15. □幽默諧趣16. □其他 _____

J. 您對本書（系）的建議：_____

_____

K. 您對本出版社的建議：_____

_____

讀者小檔案

姓名：_____ 性別：□男□女　生日：___年___月___日

年齡：□20歲以下□20～30歲□31～40歲□41～50歲□50歲以上

職業：1. □學生2. □軍公教3. □大眾傳播4. □服務業5. □金融業6. □製造業

　　　7. □資訊業8. □自由業9. □家管10. □退休11. □其他 _____

學歷：□國小或以下□國中□高中／高職□大學／大專□研究所以上

通訊地址：_____

電話：(H)_____ (O)_____ 傳真：_____

行動電話：_____ E-Mail：_____

◎ 謝謝您購買本書，歡迎您上大都會文化網站（www.metrobook.com.tw）登錄會員，或
　 至Facebook（www.facebook.com/metrobook2）為我們按個讚，您將不定期收到最新
　 的圖書訊息與電子報。

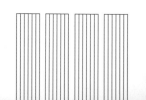

附錄
養生蔬果汁

蘋果

蘋果中豐富的維他命，能滋養肌膚，使皮膚紅潤有光澤。

蘋果富含膳食纖維，可促進腸胃蠕動，增強飽腹感，防止便祕、幫助減肥，並能排出體內多餘的膽固醇，預防慢性病；

蘋果汁

緩解便祕

材料
蘋果…300克

做法
① 蘋果洗淨，去皮、去核，切小塊。
② 將蘋果塊放入果汁機中，加入適量飲用水，攪打均勻即可。

紅棗富含多種維他命，蘋果富含膳食纖維、礦物質、糖類等，可促進腸道蠕動，緩解便祕，美容養顏，潤澤肌膚。

紅棗蘋果汁

促進智力發育

材料
蘋果…300克
紅棗…50克
蜂蜜…適量

做法
① 蘋果洗淨，去皮、去核，切丁；紅棗洗淨，去核，切碎。
② 將上述食材放入果汁機中，加入適量飲用水攪打，打好後加入蜂蜜調勻即可。

橙子

橙子含有大量維他命C，能提高身體免疫力，對抑制致癌物質的形成，軟化和保護血管，促進血液循環，降低膽固醇和血脂有幫助。

甜橙汁

提高
免疫力

材料
橙子…250克
檸檬汁…適量

做法
① 橙子洗淨，去皮，切塊。
② 將切好的橙子、冰塊放入果汁機中，加入適量飲用水攪打成汁，加檸檬汁即可。

橙子葡萄檸檬汁

抵禦
感冒病毒

材料
橙子…150克
葡萄…100克
檸檬…50克

做法
① 蘋果洗淨，去皮、去核，切丁；紅棗洗淨，去核，切碎。
② 將上述食材放入果汁機中，加入適量飲用水攪打，打好後加入蜂蜜調勻即可。

橙子和檸檬均富含維他命C，加上有抗氧化功效的葡萄，可以抵禦感冒病毒。

雪梨

黃瓜雪梨汁

滋陰潤燥
去痰止咳

材料
雪梨…150克
黃瓜…100克
蜂蜜…適量

做法
① 黃瓜洗淨，切丁；雪梨洗淨，去皮和核，切小塊。
② 將黃瓜丁、雪梨塊放入果汁機中，加入適量飲用水攪打，加入蜂蜜即可。

雪梨含有維他命C、鞣酸等成分，可以保護肺部組織免受空氣汙染，還能潤肺止咳，黃瓜水分豐富，可滋陰潤燥，蜂蜜含有葡萄糖、果糖、維他命C等，常喝可養肺潤肺、去痰止咳。

雪梨豆漿飲

生津潤燥
清熱化痰

材料
雪梨…200克
豆漿…300毫升
蜂蜜…適量

做法
① 雪梨洗淨，去皮和核，切小塊。
② 將雪梨和豆漿一起放入果汁機中攪打均勻，打好後加入蜂蜜調勻即可。

這道蔬果汁具有生津潤燥、清熱化痰之功效，非常適合因吸於而導致肺燥咽乾，經常咳嗽的人士飲用。

彩椒是高維他命、低糖蔬菜，鳳梨含有膳食纖維，這款蔬果汁可增強寶寶活力，預防肥胖。

鳳梨彩椒汁

**增強活力
預防肥胖**

材料
去皮鳳梨…150克
彩椒（紅）…100克

做法
① 彩椒洗淨，去蒂、去籽，切小丁；鳳梨切小塊，放入淡鹽水中浸泡15分鐘，撈出沖洗一下。
② 將上述食材放入果汁機中，加入適量飲用水攪打，打好後調入蜂蜜即可。

葉酸蔬果汁

**適合孕婦
補充葉酸**

材料
去皮鳳梨…150克
彩椒（黃）…50克
西芹…50克
檸檬…30克

做法
① 西芹擇洗乾淨，切段；彩椒洗淨，去籽，切小塊；鳳梨切小塊，放鹽水中浸泡約15分鐘，撈出沖洗一下；檸檬洗淨，去皮和籽，切小塊。
② 將上述食材放入果汁機中，加入適量飲用水攪打即可。

西芹、彩椒、鳳梨和檸檬都含有豐富的葉酸，孕婦適當飲用，可以降低神經管畸形兒的發生率。

奇異果

奇異果和橘子含有豐富的鈣、鉀、維他命C等成分，能夠幫助高血壓患者降低血壓。

奇異果橘子汁 輔助降壓

材料
奇異果…150克
橘子…150克
蜂蜜…適量

做法
① 奇異果去皮，切小塊；橘子去皮，切小塊。
② 將上述食材放入果汁機，加入適量飲用水攪打均勻，然後調入蜂蜜即可。

奇異果含有維他命C和胡蘿蔔素，可提高身體免疫力，蘋果富含有機酸、碳水化合物，可提高免疫力，鳳梨富含鳳梨蛋白酶，能夠增強抵抗力，此蔬果汁營養全面，可提高抵抗力。

奇異果鳳梨蘋果汁 提高抵抗力

材料
去皮鳳梨…100克
奇異果…100克
蘋果…100克

做法
① 奇異果洗淨，去皮，取果肉切塊；蘋果洗淨，去皮、去核，切小塊；鳳梨切小塊，放淡鹽水中浸泡約15分鐘，撈出沖洗一下。
② 將上述食材放入果汁機中，加入適量飲用水攪打即可。

木瓜

木瓜中維他命C的含量非常高，還含有多種氨基酸、鈣、鐵以及木瓜蛋白酶、番木瓜鹼等物質，能夠幫助消化、提高免疫力、美容潤膚。

木瓜汁

材料
木瓜…250克
蜂蜜…適量

做法
① 木瓜洗淨，去籽、去皮，切成小塊。
② 把木瓜塊放到果汁機中，加適量飲用水攪打，攪打好以後倒出，調入蜂蜜即可。

木瓜油菜汁

材料
油菜…100克
木瓜…200克
蜂蜜…適量

做法
① 將油菜洗淨，入沸水中炒燙一下，然後撈出過涼，切小段；木瓜去皮、籽，切小塊。
② 將油菜、木瓜放入果汁機中，加入適量飲用水攪打，攪打好後調入蜂蜜拌勻即可。

木瓜有助於降低血液中的膽固醇和血脂，可促進末梢血液循環；油菜含有豐富的鈣、鐵、維他命C、胡蘿蔔素等，可促進血液循環、散血消腫。

西瓜

西瓜含有維他命C、鉀、番茄紅素等物質，能清熱解毒、生津止渴，利尿消腫，還能滋養養肌膚，降低血壓。

西瓜汁

輔助降壓

材料
西瓜…250克
檸檬汁…適量
蜂蜜…適量

做法
① 西瓜去皮、籽，切成小塊。
② 將西瓜塊放入果汁機中攪打成汁，打好後倒出，調入檸檬汁、蜂蜜即可。

生菜西瓜汁

提高抵抗力

材料
去皮西瓜…50克
生菜…100克
蜂蜜…適量

做法
① 生菜洗淨，切小片；西瓜去籽，切小塊。
② 將生菜和西瓜放入果汁機中，加入適量飲用水攪打，打好後加入蜂蜜調勻即可。

西瓜可以除煩止渴、養心安神，生菜可以消除疲勞、鎮定精神、舒緩情緒，這款蔬果汁適合在精神狀態不佳時飲用。

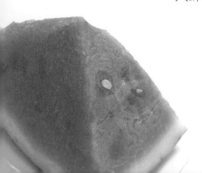

草莓

草莓汁

 延緩衰老

材料
草莓…300克
蜂蜜…適量

做法
① 草莓去蒂，洗淨，切小塊。
② 放入果汁機中，加入適量飲用水攪打，打好後倒出，調入蜂蜜即可。

草莓含有維他命C、鞣花酸等物質，有很好的抗氧化功效，可以延緩肌膚衰老，防止動脈硬化、降低血脂和膽固醇。

草莓葡萄柚橙汁

排除體內鈉鹽

材料
草莓…150克
葡萄柚…50克
橙子…50克
蜂蜜…適量

做法
① 草莓去蒂洗淨，切成小丁；葡萄柚、橙子去皮，切丁。
② 將上述食材放入果汁機中，加入適量飲用水攪打，打好後加入蜂蜜調勻即可。

草莓與葡萄柚富含鉀，鉀能夠將體內多餘的鈉排出，從而達到預防高血壓的作用。

櫻桃

櫻桃汁

防治
缺鐵性
貧血

櫻桃中含鐵量極其豐富，鐵是合成人體血紅蛋白的原料，對防治缺鐵性貧血有重要意義。

材料
櫻桃…200克

做法
櫻桃洗淨，去梗，對切開，去核，放入果汁機中，加入適量飲用水攪打即可。

櫻桃優酪乳飲

提高
抵抗力

櫻桃含有多種營養，其中維他命C和鐵的含量較突出，多吃可預防感冒、預防貧血，青少年常飲這道果汁還能增強身體抵抗力。

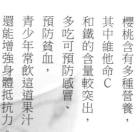

材料
櫻桃…200克
優酪乳…300毫升
蜂蜜…適量

做法
① 櫻桃洗淨，去梗，切成兩半並去籽。
② 將櫻桃、優酪乳一起放入果汁機中攪打均勻，果汁倒出後加入蜂蜜調勻即可。

番茄

番茄富含維他命和番茄紅素，具有強抗氧化活性，能夠清除自由基，防癌抗癌，延緩衰老、美容潤膚，還在預防高血壓、動脈硬化方面有一定的效果。

番茄汁

防癌
抗衰

材料
番茄…300克
蜂蜜…適量

做法
① 番茄洗淨，切小丁。
② 將切好的番茄丁放入果汁機中，加適量飲用水攪打，打好後加入蜂蜜攪拌均勻即可。

番茄蘋果汁

增進食慾
預防便祕

材料
番茄…150克
蘋果…100克
冰糖…適量

做法
① 番茄去蒂、洗淨，切小塊；蘋果洗淨，去皮和核，切小塊。
② 將上述食材和適量飲用水一起放入果汁機中攪打，打好後加入冰糖調勻即可。

番茄含有維他命C、番茄紅素等，有健胃消食、增進食慾的功效；蘋果富含維他命C、膳食纖維等，能促進寶寶生長發育，並預防便祕。此蔬果汁可健胃消食、增進食慾、預防便祕。

山楂富含有機酸、果膠，維他命C含量比一般水果高，還含有鈣、鐵等，搭配富含維他命A的紅蘿蔔打汁，可健胃消食，增進寶寶食慾，對眼睛健康也有好處。

紅蘿蔔山楂汁

健胃消食

材料
紅蘿蔔…150克
山楂…100克
冰糖…適量

做法
① 山楂洗淨，去核，切碎；紅蘿蔔洗淨，切丁。
② 將上述食材放入果汁機中，加入適量飲用水攪打，打好後加入冰糖調勻即可。

紅蘿蔔枸杞汁

緩解眼睛疲勞

材料
紅蘿蔔…150克
枸杞…25克
蜂蜜…適量

做法
① 紅蘿蔔洗淨，切丁；枸杞洗淨，泡5分鐘。
② 將上述材料和適量飲用水一起放入果汁機中攪打，打好後加入蜂蜜調勻即可。

這道蔬果汁含有豐富的維他命A，有抗輻射和緩解眼睛疲勞的作用。

西芹

西芹奇異果汁

西芹富含膳食纖維，奇異果維他命C的含量很高，這款蔬果汁可以維持腸道健康，保護眼睛，還能減輕壓力。

材料
西芹…50克
奇異果…150克
蜂蜜…適量

做法
① 西芹洗淨，去葉，切小段；奇異果去皮，切丁。
② 將上述食材放入果汁機中，加入適量飲用水攪打，打好後調入蜂蜜即可。

西芹含有鉀、芹菜素、膳食纖維等成分，可防止血壓升高；鳳梨可健胃消食，所含的糖類和酶等，有利尿作用，對高血壓患者有益。

西芹鳳梨汁

材料
去皮鳳梨…200克
芹菜…50克
蜂蜜…適量

做法
① 西芹洗淨，去葉，切小段；鳳梨去皮，切丁，放入淡鹽水中浸泡15分鐘，撈出後沖洗一下。
② 將上述食材放入果汁機中，加入適量飲用水攪打，打好後調入蜂蜜即可。

菠菜

菠菜黑芝麻牛奶汁 健胃消食

菠菜富含維他命B群，可減輕更年期常見的疲倦、失眠、煩躁等不適症狀，黑芝麻富含鈣質、不飽和脂肪酸，以及抗氧化劑維他命E等，與富含鈣質的牛奶打汁，對防治更年期發生骨質疏鬆症，延緩衰老有作用。

材料
菠菜…100克
牛奶…150毫升
熟黑芝麻…20克
蜂蜜…適量

做法
① 將菠菜洗淨、去根，入沸水中汆燙，撈出涼涼後，切小段。
② 將菠菜、芝麻、牛奶放入果汁機中，打好後加入蜂蜜調勻即可。

菠菜草莓葡萄汁 改善貧血

菠菜含有大量的鐵，葡萄含銅，兩者相輔，可補鐵，促進鐵的吸收，草莓也是補血益氣的佳品，這款果汁可有助於改善貧血。

材料
菠菜…100克
草莓…50克
葡萄…100克
蜂蜜…適量

做法
① 菠菜洗淨、去根，用沸水汆燙一下，撈出晾涼，切段；葡萄洗淨，去籽切碎；草莓去蒂，洗淨切碎。
② 將所有材料放入果汁機中，加入適量飲用水攪打。

黃瓜含有丙醇二酸，能抑制體內糖類物質轉化為脂肪，可減少體內的脂肪堆積，此外，黃瓜還含有膳食纖維，能夠促進腸道中的廢物排出，有助於降低血膽固醇和三酸甘油酯。

黃瓜

黃瓜檸檬飲

降低
膽固醇

材料
黃瓜…200克
檸檬…50克

做法
① 黃瓜洗淨、切丁；檸檬去皮、籽，切塊。
② 將黃瓜、檸檬放入果汁機中，加入適量飲用水攪打即可。

雙瓜蜂蜜汁

利尿
促排毒

材料
黃瓜…100克
去皮西瓜…150克

做法
① 黃瓜洗淨，切丁；西瓜去籽，切塊。
② 將黃瓜和西瓜放入果汁機中，加適量飲用水攪打即可。

黃瓜富含黃瓜酸和水分，能促進人體新陳代謝，幫助排出毒素；西瓜不含脂肪，含有多種維他命和糖類，其所含的酶類可助消化，促進代謝。